>> **TÉCNICO EM SEGURANÇA DO TRABALHO**

R741t Rojas, Pablo.
           Técnico em segurança do trabalho / Pablo Rojas. – Porto
       Alegre : Bookman, 2015.
           xiii, 185 p. : il. color. ; 27,7 cm.

           ISBN 978-85-8260-279-9

           1. Segurança do trabalho. I. Título.

                                                          CDU 331.45

Catalogação na publicação: Poliana Sanchez de Araujo – CRB 10/2094

PABLO ROJAS

»TÉCNICO EM SEGURANÇA DO TRABALHO

Reimpressão 2017

2015

© Bookman Companhia Editora Ltda., 2015

Gerente editorial: *Arysinha Jacques Affonso*

Colaboraram nesta edição:

Coordenadora editorial: *Verônica de Abreu Amaral*

Assistente editorial: *Danielle Oliveira da Silva Teixeira*

Leitura final: *Monica Stefani*

Processamento pedagógico: *Laura Ávila de Souza*

Capa e projeto gráfico: *Paola Manica*

Editoração: *Kaéle Finalizando Ideias*

Imagem da capa: *TonyLomas/iStock/Thinkstock*

Reservados todos os direitos de publicação à
BOOKMAN EDITORA LTDA., uma empresa do GRUPO A EDUCAÇÃO S.A.
A série Tekne engloba publicações voltadas à educação profissional e tecnológica.

Av. Jerônimo de Ornelas, 670 – Santana
90040-340 – Porto Alegre – RS
Fone: (51) 3027-7000   Fax: (51) 3027-7070

É proibida a duplicação ou reprodução deste volume, no todo ou em parte, sob quaisquer formas ou por quaisquer meios (eletrônico, mecânico, gravação, fotocópia, distribuição na Web e outros), sem permissão expressa da Editora.

Unidade São Paulo
Av. Embaixador Macedo Soares, 10.735 – Pavilhão 5 – Cond. Espace Center
Vila Anastácio – 05095-035 – São Paulo – SP
Fone: (11) 3665-1100   Fax: (11) 3667-1333

SAC 0800 703-3444 – www.grupoa.com.br

IMPRESSO NO BRASIL
PRINTED IN BRAZIL

# O autor

Pablo Roberto Auricchio Rojas é graduado em Ciências Econômicas pela Universidade do Vale do Paraíba (Univap), especialista em didática e metodologia do ensino superior e em educação a distância: tutoria, metodologia e aprendizagem. Atua como professor nas Faculdades ETEP, no Instituto Nacional de Ensino e Pesquisa (INESP), no SEST SENAT (SP) e na área de desenvolvimento e elaboração de materiais didáticos e instrucionais para diversas instituições nacionais.

Prefácio

A segurança do trabalho é uma das principais responsabilidades das empresas. Cada país possui um conjunto de leis estabelecidas com o objetivo de prevenir e minimizar a ocorrência de acidentes de trabalho e as doenças decorrentes das atividades exercidas pelos trabalhadores, protegendo sua integridade física e mental.

No Brasil, a segurança do trabalho é regida por leis que tratam de aspectos gerais e estabelecem metodologias específicas para cada tipo de atividade. Muitos aspectos tratados pela legislação brasileira estão em sintonia com as convenções internacionais da Organização Internacional do Trabalho.

Para atender às exigências específicas da legislação de acordo com o seu porte, as empresas contam com uma equipe de profissionais composta por técnicos de segurança do trabalho, engenheiros de segurança do trabalho, médicos do trabalho e enfermeiros do trabalho. A empresa também deve dispor de uma Comissão Interna de Prevenção de Acidentes (CIPA) para um trabalho permanente nesse sentido.

Todos esses profissionais são importantes para as atividades desenvolvidas, mas cabe ao técnico em segurança do trabalho, junto ao engenheiro de segurança do trabalho, organizar os programas de prevenção de acidentes, orientar a CIPA e os trabalhadores quanto aos riscos existentes e estabelecer a obrigatoriedade do uso de equipamentos de proteção individual e coletivo. Além dessas funções, também cabe ao técnico de segurança do trabalho elaborar planos de prevenção de riscos ambientais, realizar inspeções de segurança, emitir laudos técnicos e organizar palestras e treinamentos. Sua atuação acontece em todas as empresas das mais diversas áreas.

As empresas, por sua vez, investem em segurança buscando aumentar a conscientização de seus empregados sobre a necessidade de realizarem suas funções seguindo as normas legais e internas de segurança, uma vez que os custos decorrentes de acidentes são altos e irrecuperáveis para os empregadores. Os encargos com advogados, indenizações, custos de parada de produção, entre outros são infinitamente maiores do que os valores investidos em treinamentos, equipamentos de prevenção e saúde do trabalhador. Todos os ocupantes de cargos de liderança devem estar engajados nas campanhas de segurança do trabalho, e todos os funcionários da empresa devem participar dos processos.

Técnicos em segurança do trabalho, estudantes que escolheram essa área profissional, empregadores e demais interessados no tema encontrarão nos capítulos deste livro valiosas informações para o desempenho de suas atividades na prevenção e eliminação de riscos que podem ocasionar acidentes de trabalho e doenças profissionais.

Sumário

capítulo 1 *O trabalho e a segurança do trabalho 1*

Da pré-história à industrialização 2
O trabalho na era industrial 4
Primeira Guerra Mundial 5
Segunda Guerra Mundial 6
Transição da era industrial para a era da informação 7
A industrialização no Brasil 8
Histórico da segurança do trabalho no Brasil 11
Normas regulamentadoras 13

capítulo 2 *Principais comissões e programas de segurança do trabalho no Brasil 19*

Serviço Especializado em Engenharia de Segurança e Medicina do Trabalho (SESMT) 20
Engenheiro de segurança do trabalho 21
Médico do trabalho 21
Enfermeiro do trabalho 21
Auxiliar de enfermagem do trabalho 21
Técnico de segurança do trabalho 22
Programas do SESMT 23
Certificação OHSAS 18001 – saúde e segurança ocupacional 25
Comissão Interna de Prevenção de Acidentes (CIPA) 25
Objetivos da CIPA 26
Legislação 27
Organização da CIPA 27
Processo eleitoral 28
Instalação e posse da CIPA 29
Treinamento para os membros da CIPA 29
Atribuições da CIPA 30
Atribuições dos empregados 35
Atribuições do presidente, do vice-presidente e do secretário da CIPA 35
Funcionamento da CIPA 36

Contratantes e contratadas 36

Programa de Controle Médico de Saúde Ocupacional 37

Objeto do PCMSO 38

Diretrizes do PCMSO 38

Responsabilidades do PCMSO 38

Desenvolvimento do PCMSO 38

Primeiros socorros (item 7.5) 40

Programa de Prevenção de Riscos Ambientais (PPRA) 42

Responsabilidades do PPRA 42

Objeto e campo de aplicação do PPRA 42

Estrutura do PPRA 43

Desenvolvimento do PPRA 45

Etapas do desenvolvimento do PPRA 46

Informações e orientações 48

Disposições finais 48

Programa de condições e meio ambiente de trabalho na indústria da construção 49

capítulo 3 *Responsabilidades da empresa pela segurança no ambiente de trabalho 53*

Responsabilidade do empregador pela prevenção de acidentes do trabalho 54

Esfera civil 55

Esfera criminal 56

Esfera trabalhista 57

Esfera previdenciária 57

Responsabilidade dos agentes empresariais nos acidentes do trabalho 57

Investimento em segurança do trabalho 58

Equipamento de proteção coletiva (EPC) 59

Equipamento de proteção individual (EPI) 60

Treinamento aos empregados 61

capítulo 4 *Fiscalização da segurança do trabalho 63*

Poderes do auditor fiscal 64

Norma Regulamentadora 28 – NR 28 (BRASIL, 2006) 66

Cálculo das penalidades previstas na NR 28 66

capítulo 5 *O ambiente de trabalho e o trabalhador 69*

O meio ambiente 70

O ambiente de trabalho 71

Iluminação 71

Trocas térmicas 72

Temperatura efetiva 74

Temperatura efetiva corrigida 75

Cálculo da temperatura efetiva corrigida 75

Ruídos e vibrações sonoras 78

capítulo 6 *Ergonomia 81*

Análise ergonômica do posto de trabalho 83
Análise da demanda 84
Análise da tarefa 84
Análise das atividades 86
Diagnóstico ergonômico 87
Laudo ergonômico 88

capítulo 7 *Gerenciamento de riscos 91*

Análise de riscos 92
Técnicas de identificação do perigo 93
Técnica de incidentes críticos 94
Técnica *What if* 95
Análise preliminar de perigo 96
Metodologia de análise e avaliação de riscos 97
Metodologia OSHA 97
Técnicas de análise e avaliação de riscos 98
Série de riscos 98
Análise preliminar de riscos 100
Análise dos modos de falha e dos seus efeitos 102
Análise da árvore de falhas 102
Estudo de riscos operacionais 104
Outras técnicas utilizadas na análise e avaliação de riscos 104
Programa de Gerenciamento de Riscos 105
Tratamento dos riscos operacionais e ambientais 106
Mapa de riscos ambientais 107
Classificação dos riscos ocupacionais 108
   Grupo 1 - Riscos físicos (verde) 108
   Grupo 2 - Riscos químicos (vermelho) 108
   Grupo 3 - Riscos biológicos (marrom) 109
   Grupo 4 - Riscos ergonômicos (amarelo) 109
   Grupo 5 – Riscos de acidentes (azul) 111
Outros riscos 111
Desenhando o mapa de riscos ambientais 112

capítulo 8 *Acidente de trabalho 117*

O acidente de trabalho 118
Comunicação do acidente de trabalho 119
Causas de acidentes no trabalho 119
Técnicas de investigação de acidentes do trabalho e incidentes 120
   O indivíduo (I) 120
   A tarefa (T) 120
   O material (M) 121
   O meio de trabalho (MT) 121

Metodologia de investigação e análise de acidentes de trabalho 121
Técnica de análise sistemática de causas 126
Necessidade de ação e controle (NAC) 127
Árvore de causas (ADC) 127
Consequências dos acidentes de trabalho 130
Procedimentos de emergência em primeiros socorros 131

capítulo 9 *Doenças ocupacionais* 133

As principais doenças ocupacionais 134
Doenças respiratórias 135
Lesão por esforço repetitivo 135
Distúrbio osteomuscular relacionado ao trabalho 136
Perda auditiva induzida pelo ruído ocupacional 136
Dermatoses ocupacionais 136
Distúrbios neurológicos 137
Doenças relacionadas ao estresse 137
Prevenção de doenças ocupacionais 137
Ações preventivas 138

capítulo 10 *Benefícios previdenciários* 141

Regimes previdenciários 142
Sistema previdenciário 143
Princípios da Previdência Social 144
Benefícios garantidos aos segurados 145
Aposentadoria por invalidez 145
Aposentadoria por idade 145
Aposentadoria por tempo de contribuição 146
Aposentadoria especial 146
Aposentadoria especial para pessoas com deficiência 147
Auxílio-doença 147
Salário-família 148
Salário-maternidade 148
Auxílio-acidente 149
Benefícios garantidos aos dependentes do segurado 149
Pensão por morte 149
Auxílio-reclusão 150
Seguro-desemprego 151
Estabilidade empregatícia 152

capítulo 11 *Código de ética do profissional de segurança do trabalho* 155

Técnico de segurança do trabalho 156
Código de Ética dos técnicos de segurança do trabalho 157
Atividades exercidas 157
Atribuições profissionais 161

Deveres do profissional   162
  Conduta profissional   163
  Relações profissionais   164
  Proibições e diretrizes   165
  Classe profissional   167
  Direitos do trabalhador   167
  Penalidades previstas   169

Referências **171**

capítulo 1

O trabalho e a segurança do trabalho

Neste capítulo apresentamos um resumo da história do trabalho e da segurança do trabalho. A evolução do homem e do trabalho é constante, e o desempenho das funções e atividades econômicas é um fator de subsistência. Sempre que surgem novas formas de trabalho geradas pelo desenvolvimento do homem, há uma evolução na segurança do trabalho. As novas formas de trabalho consideram a qualidade de vida do trabalhador como um fator importantíssimo, e a segurança do trabalho contribui para esse fim.

Objetivos de aprendizagem

» Interpretar e refletir sobre a evolução histórica do trabalho.

» Identificar os fatores sociais e tecnológicos que contribuíram para a evolução do trabalho.

» Relacionar o desenvolvimento histórico do trabalho no mundo e da segurança do trabalho no Brasil.

>> Para começar

O trabalho é tão antigo quanto o homem. As histórias do homem e do trabalho em alguns momentos se confundem, pois nos primórdios o homem trabalhava para garantir sua sobrevivência e de sua prole.

>> **IMPORTANTE**
As leis e os regulamentos são benéficos tanto para os empregados quanto para os empregadores, uma vez que os empregados são considerados parte do patrimônio das organizações. Assim, se eles não desempenharem suas atividades com segurança, a empresa não obterá deles os resultados desejados.

No início, o homem apenas colhia o que a terra lhe dava. O desenvolvimento da humanidade e o surgimento de novas necessidades levaram o homem a realizar novos tipos de trabalhos compostos por atividades que certas vezes ofereciam riscos à sua segurança, o que causou muitos acidentes e a perda de inúmeras vidas. Em decorrência disso, os métodos de trabalho foram aperfeiçoados para prevenir a ocorrência de acidentes, mas estes continuaram acontecendo por vários anos e ainda ocorrem atualmente.

A legislação, os métodos, as ferramentas e os instrumentos utilizados para prevenir a ocorrência de acidentes no trabalho evoluíram pouco no período da Revolução Industrial (século XVIII) e nos anos seguintes até o período da Segunda Guerra Mundial. Nos últimos 70 anos, porém, a segurança no trabalho passou a ser um tema importantíssimo em todas as atividades econômicas, pois ela zela primordialmente pelo trabalhador, por meio de **leis** e **regulamentos** que visam a prevenir os riscos envolvidos nas atividades econômicas desenvolvidas nas empresas por seus empregados.

Ainda existe muito a ser feito pela segurança no trabalho. Muitos procedimentos estão sendo desenvolvidos e aperfeiçoados à medida que os profissionais que atuam na área percebem e avaliam os riscos existentes. Estudos estão em fase de normalização, e a evolução do tema é uma realidade.

>> Da pré-história à industrialização

Há aproximadamente 25.000 anos, o homem era **nômade**, ou seja, apenas colhia o que a terra lhe oferecia e migrava para outras regiões quando os recursos se esgotavam. A evolução fez o homem perceber que, ao manipular alguns materiais, como pedras, pedaços de madeira e cipós, ele seria capaz de caçar. O trabalho do homem passou a ser a **caça**, e desse trabalho dependia a sua sobrevivência. Se ele não caçasse diariamente e com dedicação, não sobreviveria.

>> CURIOSIDADE

A palavra trabalho deriva do termo latino *tripalium*, usado para descrever um instrumento de tortura. O termo latino *tripaliare* influenciou vários idiomas, entre eles o português (trabalhar), o francês (*travailler*), o espanhol (*trabajar*) e o italiano (*traballare*).

O homem caçador era escravo de seu trabalho, e a **agricultura** possibilitou que ele se estabelecesse em uma região e deixasse de ser nômade. Isso aconteceu há aproximadamente 12 mil anos, quando o homem percebeu que, ao colocar alguns grãos na terra, eles germinavam e davam origem a plantas semelhantes às que forneceram os grãos (o alimento se multiplicava). Além disso, o homem constatou que havia períodos nos quais era mais difícil caçar, e a plantação permitiria que ele tivesse alimentos nas épocas de pouca caça.

Há cerca de 3.000 anos, o homem começou a não se contentar apenas em alimentar-se e passou a desejar mais. A partir disso, o trabalho deixou de ter apenas o propósito de sobrevivência, e o homem percebeu que poderia trocar o seu trabalho ou o fruto dele por coisas que ele não tinha. A troca direta desses bens entre interessados fez surgir o **comércio**, realizado em cidades que eram pontos de passagem de pessoas em trânsito.

Nessa época, os artesãos introduziram na sociedade a troca do trabalho pela utilidade de seus produtos. Em geral eles trabalhavam em oficinas montadas em suas próprias casas e usavam ferramentas e energia humana, animal e hidráulica para criar produtos não padronizados que interessavam a alguém e geravam trocas comerciais.

» CURIOSIDADE

Foi no período neolítico (6.000 a.C.) que o homem aprendeu a polir a pedra e a fabricar a cerâmica como utensílio para armazenar e cozinhar alimentos. Nesse período ele também descobriu a técnica de tecelagem de fibras animais e vegetais.

O desenvolvimento das atividades dos artesãos levou à criação de oficinas de artesanato por volta do século XI, nas quais um mestre artesão ensinava o ofício a um grupo de aprendizes em troca de mão de obra barata. Essas oficinas deram origem às **corporações de ofício**, organizações criadas pelos mestres artesãos de cada cidade ou região para defender seus interesses.

As corporações de ofício garantiam ganhos aos seus integrantes e tinham o poder de tabelar os preços da matéria-prima que utilizavam e da mão de obra. Os produtos passaram a ter um padrão de qualidade imposto pelos seus participantes e recebiam marcas que identificavam que o produto havia sido feito pela corporação. Talvez tenham sido responsáveis pelo surgimento dos primeiros conceitos de qualidade e de marca.

Pelo fato de serem detentoras desses poderes, as corporações ampliaram sua influência por meio do controle da oferta e dos preços de seus produtos.

Pessoas que não pertenciam à corporação não podiam fabricar o mesmo tipo de produto e, se o fizessem, sofriam repressões. A política adotada com relação à concorrência levava a uma reserva de mercado para os produtos das corporações.

As corporações de ofício impuseram uma nova forma de trabalho e acumulação de riquezas, bem diferente das formas adotadas pela classe nobre da época, que se preocupava em acumular terras, servos e vassalos. As corporações de ofício foram as grandes responsáveis pelo surgimento dos burgos, criando uma nova classe social composta pelos moradores desses burgos, os burgueses, que enriqueceram pelo trabalho, pela poupança, pelo investimento e pelo lucro.

» **ASSISTA AO FILME**
Acesse o ambiente virtual de aprendizagem Tekne (www.grupoa.com.br/tekne) para assistir a um resumo da evolução histórica do trabalho.

» O trabalho na era industrial

A industrialização surgiu no século XVIII com a Revolução Industrial. Nessa época, as pessoas começaram a trabalhar para os detentores do capital produtivo como empregados ou operários e, assim, perderam a posse da matéria-prima, do produto final e do lucro. Esses trabalhadores controlavam as máquinas que pertenciam aos donos dos meios de produção, os quais recebiam todos os lucros.

» NA HISTÓRIA

O século XVIII ficou conhecido como o século das luzes, um momento de progresso humano em quase todos os campos científicos – como a física, a filosofia e a biologia – e também nas artes, principalmente na música.

O trabalho realizado com as máquinas ficou conhecido por **maquinofatura**. As máquinas eram movidas a vapor, e as primeiras foram construídas na Inglaterra, inicialmente para retirar a água das minas de ferro e carvão. Posteriormente, as máquinas foram aperfeiçoadas para as mais diversas aplicações nas indústrias (Figura 1.1).

Figura 1.1 Indústria têxtil na época da Revolução Industrial.
Fonte: Photos.com/Photos.com/Thinkstock.

> » **ASSISTA AO FILME**
> Acesse o ambiente virtual de aprendizagem Tekne para assistir a um vídeo sobre a Revolução Industrial na Inglaterra.

A Revolução Industrial teve seu grande momento em 1850, mas seus efeitos foram sentidos até 1950. Esse período marcou a passagem do capitalismo comercial para o industrial, que exigia muito mais consumidores do que os existentes nos países que se industrializaram. A expansão comercial e a busca de novos mercados foram os responsáveis diretos pela eclosão da Primeira Guerra Mundial, em 1914.

» Primeira Guerra Mundial

A guerra introduziu as mulheres no cenário do trabalho extradomiciliar. Enquanto os homens lutavam nas trincheiras, as mulheres trabalhavam nas indústrias bélicas como empregadas e nos hospitais como enfermeiras (Figura 1.2).

Figura 1.2 O papel da mulher na Primeira Guerra Mundial: (A) mulheres trabalhando em uma fábrica de munições; (B) enfermeiras.
Fonte: Trugillo Rodriguez (2013) e Images/Stockbyte/Thinkstock.

Quando a guerra acabou, muitos homens retornaram mutilados e impossibilitados de voltar ao trabalho. Foi nesse momento que as mulheres sentiram-se na obrigação de deixar a casa e os filhos para levar adiante os projetos e o trabalho que eram realizados pelos seus maridos.

No século XX, inúmeras mudanças ocorreram na produção e na organização do trabalho feminino. O desenvolvimento tecnológico e o intenso crescimento da maquinaria levaram à transferência de boa parte da mão de obra feminina para as fábricas. Embora tenham sido criadas leis para beneficiar as mulheres, algumas formas de exploração perduraram durante muito tempo. Jornadas entre 14 e 18 horas e diferenças salariais acentuadas eram comuns, e a justificativa para isso estava centrada no fato de o homem trabalhar e sustentar a mulher. Desse modo, não havia necessidade de a mulher ganhar um salário equivalente ou superior ao do homem.

» ASSISTA AO FILME
Acesse o ambiente virtual de aprendizagem Tekne para assistir ao vídeo "Primeira Guerra Mundial: o fim de uma era".

>> CURIOSIDADE

Ficou estabelecido por legislação baseada na Constituição de 1934, Artigo 121, que "[...] sem distinção de sexo, a todo trabalho de igual valor correspondente salário igual; veda-se o trabalho feminino das 22 horas às 5 da manhã; é proibido o trabalho da mulher grávida durante o período de quatro semanas antes do parto e quatro semanas depois; é proibido despedir mulher grávida pelo simples fato da gravidez." (BRASIL, 1934).

>> Segunda Guerra Mundial

A Segunda Guerra Mundial durou de 1939 a 1945 e teve suas origens na crise econômica ocorrida a partir de 1929. Essa crise levou os países capitalistas a tomarem medidas protecionistas visando a salvaguardar os mercados internos das importações estrangeiras, o que resultou em uma verdadeira guerra tarifária.

A produção industrial mundial teve uma queda de 40%. A queda na extração e produção de ferro chegou a 60%. A queda na produção de aço chegou a 58%; a de petróleo, a 13%; e a de carvão, a 29%. Isso gerou uma enorme taxa de desemprego que atingiu 11 milhões de pessoas nos Estados Unidos, 6 milhões na Alemanha, 2 milhões e meio na Inglaterra e perto de 3 milhões na França.

A Segunda Guerra Mundial envolveu 72 nações e foi travada direta ou indiretamente em todos os continentes. O número de mortos superou 50 milhões, restando ainda aproximadamente 28 milhões de mutilados.

Além da crise econômica, o surgimento de governos totalitários na Ásia (Japão) e na Europa na década de 1930 que pretendiam expandir seus territórios por meio de conquistas militares, como o nazismo na Alemanha liderado por Hitler e o fascismo na Itália liderado por Benito Mussolini, contribuiu para que a guerra ocorresse. Esses países fizeram um acordo e formaram uma aliança que ficou conhecida como Eixo.

Em 1939, o exército alemão invadiu a Polônia, e recebeu imediatamente declaração de guerra da França e da Inglaterra. A partir daí, foram formados dois grupos: de um lado, o Eixo (Alemanha, Itália e Japão) e, do outro, os Aliados (liderados por Inglaterra, URSS, França e Estados Unidos).

Os fatos e períodos considerados mais importantes desta guerra foram os seguintes:

- No período de 1939 a 1941, houve muitas vitórias do Eixo, a Alemanha conquistou o Norte da França, Iugoslávia, Polônia, Ucrânia, Noruega e territórios no norte da África. O Japão anexou a Manchúria, enquanto a Itália conquistava a Albânia e territórios da Líbia.
- Em 1941, o Japão atacou a base militar norte-americana de Pearl Harbor no Oceano Pacífico (Havaí). Após este fato, considerado uma traição pelos norte-americanos, os Estados Unidos entraram no conflito ao lado das forças aliadas.
- De 1941 a 1945, os Aliados iniciaram a ofensiva e impuseram sucessivas derrotas ao Eixo com a entrada dos Estados Unidos no conflito. O Brasil, aliado natural e histórico dos americanos, participa diretamente da guerra com o envio de 25 mil soldados para a Itália (região de Monte Cassino).

>> ASSISTA AO FILME
No ambiente virtual de aprendizagem Tekne você encontra um documentário sobre a Segunda Guerra Mundial.

O conflito terminou em 1945 com a rendição de Alemanha e Itália. O Japão somente assinou o tratado de rendição após os Estados Unidos despejarem bombas atômicas sobre as cidades de Hiroshima e Nagasaki. O número de vítimas foi enorme, e os prejuízos materiais, incalculáveis.

No final do conflito, foi criada a ONU (Organização das Nações Unidas) com a finalidade de manter a paz entre as nações do mundo por meio de mediações entre os diferentes pensamentos e regimes políticos existentes (capitalismo e comunismo) sem a ocorrência de conflitos armados.

» ASSISTA AO FILME
Assista a um documentário produzido pelo National Geographic Channel sobre a Segunda Guerra Mundial acessando o ambiente virtual de aprendizagem Tekne.

» Transição da era industrial para a era da informação

As mudanças ocorridas no trabalho humano nos anos que sucederam a Segunda Guerra Mundial produziram inúmeras transformações na sociedade global provocadas pela evolução tecnológica. O advento da informática fez surgir a era da informação, que propiciou um excepcional avanço das comunicações e da automação (Figura 1.3). Esses avanços resultaram na globalização da economia, o que tornou os negócios mundiais muito mais competitivos. Com isso, o trabalho passou por profundas transformações.

Figura 1.3 Robôs industriais em uma montadora de carros.
Fonte: Olga Serdyuk/iStock/Thinkstock.

» ASSISTA AO FILME
No ambiente virtual de aprendizagem Tekne você encontra dois vídeos sobre o tema informática e educação.

A era da informação substituiu a era industrial e deu início ao terceiro ciclo de evolução da sociedade no tocante à forma de pensar e de agir. Ela trouxe junto uma mudança de postura e comportamento das pessoas com relação ao conhecimento devido ao aumento da capacidade de armazenar e gerar novos dados possíveis de serem transformados em informações que possuem valor para o homem.

O conhecimento adquiriu dimensão global, possibilitou o compartilhamento de pontos de vista e interligou pessoas por meio da rede internacional de computadores (Internet). Isso propiciou e vem propiciando a difusão de culturas e saberes dantes limitados pelas fronteiras territoriais. Por outro lado, os meios de comunicação de massa adquiriram muito poder, pois eles dirigem os rumos das nações de acordo com o interesse político e econômico envolvido. Eles manejam e controlam o conhecimento e isso não é bom, mas a humanidade vai usufruir muito dos avanços tecnológicos dessa era.

Os negócios avançaram muito com o advento da tecnologia da informação e comunicação interligando o mercado mundial pela Internet, e as empresas transformaram o negócio virtual em algo realmente rentável. O número de clientes agora é igual ao número de habitantes do planeta, e não mais os que habitam na região onde a empresa está instalada.

A portabilidade dos equipamentos de comunicação e acesso permite que qualquer um, a qualquer momento, onde quer que esteja, receba e transmita informações e realize transações financeiras com qualquer empresa em qualquer lugar do mundo. Enfim, a era da informação e do conhecimento também é a era dos negócios mundiais.

>> A industrialização no Brasil

A industrialização no Brasil é relativamente nova se comparada à de outros países, mas teve seus primeiros passos já no período colonial. As indústrias no Brasil se desenvolveram a partir de mudanças estruturais de três tipos:

- econômicas (crise do café e Grande Depressão de 1929);
- sociais (abolição do trabalho escravo, entrada de imigrantes de diversas nacionalidades, descentralização populacional);
- políticas (proclamação da República, ditadura Vargas).

As mudanças nas relações de trabalho e a expansão do emprego remunerado ocasionaram a ampliação do mercado consumidor, o que motivou os empresários a aumentarem suas produções. Todos esses acontecimentos históricos afetaram o processo industrial brasileiro, que passou por quatro períodos distintos, detalhados a seguir.

No **primeiro período** (1500 a 1808), conhecido como período da proibição, Portugal não permitia nenhum tipo de produção na colônia. Tudo o que era utilizado vinha de Portugal. O **segundo período** (1808 a 1930), chamado período da implantação, é dividido em duas fases. A primeira delas se estendeu de 1808 a 1850 e incluiu os fatos a seguir.

Em 1808, D. João VI chegou ao Brasil com a família real portuguesa e revogou o alvará, abrindo os portos ao comércio exterior e fixando uma taxa de 24% para produtos importados, exceto para os portugueses, que foram taxados em 16%.

Em 1810, por meio de um contrato comercial com a Inglaterra, foi fixada em 15% a taxa para as mercadorias inglesas por um período de 15 anos. Nesse período, o desenvolvimento industrial brasileiro foi mínimo em razão da forte concorrência dos produtos ingleses que, além de apresentarem melhor qualidade, eram mais baratos.

Em 1828, foi renovado o protecionismo econômico, taxando em 16% todos os produtos estrangeiros de todos os países. Contudo, essa taxa foi insuficiente para impedir as importações e promover o desenvolvimento industrial no país.

Em 1844, o então Ministro da Fazenda, Manuel Alves Branco, decretou uma lei que ampliava as taxas de importação para 20% sobre produtos sem similar nacional e para 60% sobre aqueles com similar nacional. Essa lei, conhecida como "Lei Alves Branco", protegeu algumas atividades industriais do país.

Em 1846, a indústria têxtil obteve incentivos fiscais e, no ano seguinte, as matérias-primas necessárias à indústria do país receberam isenção das taxas alfandegárias.

A segunda fase do período de implantação estendeu-se de 1850 a 1930 e inclui os fatos a seguir.

Em 1850, foi assinada a Lei Eusébio de Queirós, proibindo o tráfico intercontinental de escravos.

>> IMPORTANTE

A Lei Eusébio de Queirós trouxe consequências para o desenvolvimento industrial, pois o capital utilizado na compra de escravos começou a ser aplicado no setor industrial. Além disso, a cafeicultura passou a pagar salários, o que estimulou a vinda de muitos imigrantes para o país. Os imigrantes trouxeram novas técnicas de produção de manufaturados e foram a primeira força de trabalho especializada do Brasil, constituindo um mercado consumidor que alavancou o desenvolvimento industrial.

Na década de 1880, ocorreu o primeiro surto industrial. O número de estabelecimentos industriais passou de 200, em 1881, para 600 em 1889, o que deu início ao processo de substituição de importações.

Ocorrida entre 1914 e 1918, a Primeira Guerra Mundial favoreceu o crescimento industrial brasileiro pela dificuldade de importação de bens industrializados. Houve grande estímulo e investimento na produção interna, e os cafeicultores investiram seus capitais acumulados na indústria.

O **terceiro período** durou de 1930 a 1956 e ficou conhecido como a fase da Revolução Industrial Brasileira. Getúlio Vargas, por meio da Revolução de 1930, fez uma grande mudança na política interna do país e afastou do poder oligarquias tradicionais que representavam os interesses agrários e comerciais. Ele adotou uma política industrializante que procurou substituir a mão de obra imigrante pela nacional, que foi formada no Rio de Janeiro e em São Paulo em decorrência do êxodo rural (decadência cafeeira) e dos movimentos migratórios de nordestinos.

Getúlio Vargas investiu forte na criação da infraestrutura industrial (indústria de base e energia) e criou o Conselho Nacional do Petróleo (1938), a Companhia Siderúrgica Nacional (1941), a Companhia Vale do Rio Doce (1943) e a Companhia Hidrelétrica do São Francisco (1945).

No início da Segunda Guerra Mundial, o crescimento diminuiu porque o Brasil não conseguia importar os equipamentos e as máquinas de que precisava. Apesar disso, as exportações brasileiras cresciam, acarretando um acúmulo de divisas. A matéria-prima nacional substituiu a importada e, ao final da guerra, já existiam indústrias com capital e tecnologia nacionais, como a indústria de autopeças.

No segundo governo Vargas (1951-1954), os projetos de desenvolvimento baseados no capitalismo de Estado, por meio de investimentos públicos no extinto Instituto Brasileiro do Café (IBC, em 1951), BNDES, dentre outros, forneceram importantes subsídios para Juscelino Kubitschek lançar seu Plano de Metas.

O **quarto período** teve início em 1956 e é considerado a fase da internacionalização da economia brasileira. A seguir são resumidos os principais fatos desta época, que se estende aos dias atuais.

Entre 1956 e 1961, Juscelino Kubitschek criou um plano de metas que dedicou mais de dois terços de seus recursos para estimular o setor de energia e transporte. Houve um aumento na produção de petróleo e da potência de energia elétrica instalada para assegurar a instalação de indústrias. Desenvolveu-se o setor rodoviário. Houve um grande crescimento da indústria de bens de produção, que se refletiu principalmente nos setores siderúrgico e metalúrgico (automóveis), químico, farmacêutico e na construção naval. O desenvolvimento industrial foi realizado em grande parte com capital estrangeiro, atraído por incentivos cambiais, tarifários e fiscais oferecidos pelo governo. Nesse período, teve início em maior escala a internacionalização da economia brasileira, por meio das multinacionais. A renúncia de Jânio Quadros, em 1961, a posse do vice-presidente João Goulart e as discussões em torno de presidencialismo ou parlamentarismo ocasionaram um declínio no crescimento econômico e industrial do Brasil.

>> **CURIOSIDADE**
O slogan do Plano de metas de Juscelino Kubitschek era "50 anos em 5", pois tinha por objetivo alcançar 50 anos de progresso em 5 anos de governo.

Em 1964, os governos militares retomaram e aceleraram o crescimento econômico e industrial brasileiro. O Estado assumiu a função de órgão supervisor das relações econômicas. O desenvolvimento industrial pós-1964 foi significativo e houve uma maior diversificação da produção industrial. O Estado assumiu certos empreendimentos, como a produção de energia elétrica e de aço, a indústria petroquímica e a abertura de rodovias, assegurando para a iniciativa privada as condições de crescimento de seus negócios. Houve grande expansão da indústria de bens de consumo não duráveis e duráveis, inclusive com a produção de artigos sofisticados.

Em 1979, pela primeira vez as exportações de produtos industrializados e semi-industrializados superaram as exportações de bens primários (produtos da agricultura, minérios, matérias-primas).

Em fevereiro de 1986, após um período de inflação ascendente, o governo liderado por José Sarney lançou o Plano Cruzado, uma tentativa de conter a alta de preços, que chegava a 50% ao mês. Sucesso de público nos primeiros meses, uma das principais medidas do plano, o congelamento de preços, gerou um desequilíbrio na produção e o desabastecimento em vários setores da economia. A proximidade das eleições de novembro levou o governo a adiar medidas corretivas e o plano sucumbiu em menos de um ano.

Sucessor de Sarney, Fernando Collor de Melo também não teve sucesso no combate à inflação. Obrigado a deixar o poder após um processo de *impeachment* no Congresso Nacional decorrente de acusações de corrupção, Collor viu seu vice, Itamar Franco, domar o "dragão inflacionário". Coube ao então ministro da Fazenda de Itamar, Fernando Henrique Cardoso, colher os louros do sucesso do Plano Real. Lançado em fevereiro de 1994, o plano conseguiu dar início a um período de estabilidade econômica, levando FHC a dois mandatos na presidência da República.

O governo de Luís Inácio Lula da Silva, que assumiu em 2002, manteve as regras econômicas então vigentes, ampliando os programas sociais do governo anterior. Lula entregou a um banqueiro a condução do Banco Central, acalmando mercados receosos de uma gestão supostamente intervencionista e estatizante. Depois de dois mandatos, teve como sucessora a então ministra-chefe da Casa Civil, Dilma Roussef, que imprimiu uma visão própria no comando da economia. O controle da inflação foi um pouco mais frouxo e ao final de seu primeiro mandato, em 2014, o país apresentava um índice de alta de preços de 6,5% ao ano, além de um baixo crescimento econômico. Reeleita, Dilma começaria 2015 com grandes desafios.

>> ASSISTA AO FILME
Acesse o ambiente virtual de aprendizagem Tekne para assistir a uma aula de geografia sobre a indústria no Brasil.

>> Histórico da segurança do trabalho no Brasil

Desde o momento em que o desenvolvimento industrial teve início no Brasil e o trabalho assalariado passou a ser a forma de emprego adotada, a segurança do trabalho se tornou objeto de atenção dos dirigentes do País, dos empresários e dos trabalhadores. A seguir são resumidos os principais fatos históricos relativos à segurança do trabalho que precederam a legislação atual (WALDHELM NETO, 2012).

1891: A preocupação prevencionista teve início com a lei que tratava da proteção ao trabalho dos menores, em 23 de janeiro de 1891.

1919: É criada a Lei n° 3.724, de 15 de janeiro de 1919, primeira lei brasileira sobre acidentes de trabalho (BRASIL, 1919).

1941: Em 21 de abril de 1941, empresários fundam no Rio de Janeiro a Associação Brasileira para Prevenção de Acidentes (ABPA).

1943: A CLT foi aprovada pelo Decreto-Lei n° 5.452, em 1º de maio de 1943, mas entrou em vigor apenas em 10 de novembro de 1943. Foi o instrumento jurídico que viria a ser prática efetiva da prevenção no Brasil (BRASIL, 1943).

1944: O Decreto-Lei n° 7.036, de 10 de novembro de 1944, promoveu a "reforma da Lei de acidentes de trabalho", um desdobramento que constava no Capítulo V do Título II da CLT. Esse decreto tinha por objetivo propiciar um maior entendimento da matéria e agilizar a implementação dos dispositivos da CLT referentes a Segurança e Higiene do Trabalho, além de garantir "assistência médica, hospitalar e farmacêutica" aos acidentados e indenizações por danos pessoais por acidentes. Em seu artigo 82, esse decreto criou as Comissões Internas de Prevenção de Acidentes do Trabalho (CIPAs) (BRASIL, 1944).

» **IMPORTANTE**
A criação da Fundacentro foi sem dúvida um dos grandes feitos na história da segurança do trabalho, pois foi a partir de ações da entidade que a segurança do trabalho conseguiu avançar de forma significativa.

» **IMPORTANTE**
Criada em 27 de julho de 1972, a Portaria nº 3.237 do MTE estabeleceu os serviços de Segurança, Higiene e Medicina do Trabalho nas empresas. Essa portaria foi o "divisor de águas" entre a fase do profissional espontâneo e o legalmente constituído e originou os cursos de preparação dos profissionais da área.

1953: O Decreto-Lei n° 34.715, de 27 de novembro de 1953, instituiu a Semana de Prevenção de Acidentes do Trabalho (SPAT), a ser realizada na quarta semana de novembro de cada ano (BRASIL, 1953a). Também em 1953, a Portaria nº 155 regulamentou e organizou as CIPAs e estabeleceu normas para seu funcionamento (BRASIL,1593b).

1955: É publicada a Portaria nº 157, de 16 de novembro de 1955, para coordenar e uniformizar as atividades das SPAT, constando a realização do congresso anual das CIPAs durante a SPAT. O título do congresso passou a ser, em 1961, "Congresso Nacional de Prevenção de Acidentes do Trabalho (CONPAT)". A exclusão do CONPAT ocasionou a proliferação de congressos e outros eventos (BRASIL,1995).

1960: A Portaria nº 319, de 30 de dezembro de 1960, regulamenta a uso dos equipamentos de proteção individual (EPIs) (BRASIL,1960).

1966: É criada pela Lei n° 5.161, de 21 de outubro de 1966, a Fundação Centro Nacional de Segurança, Higiene e Medicina do Trabalho, atual Fundação Jorge Duprat Figueiredo de Segurança e Medicina do Trabalho, em homenagem ao seu primeiro presidente (hoje mais conhecida como **Fundacentro**) (BRASIL,1966).

1967: A Lei n° 5.316, de 14 de setembro de 1967, integra o seguro de acidentes de trabalho na Previdência Social. Também em 1967 surge a sexta lei de acidentes de trabalho, que identifica a "doença profissional" e a "doença do trabalho" como sinônimos e os equipara ao acidente de trabalho (BRASIL,1967).

1972: O Decreto n° 7.086, de 25 de julho de 1972, estabelece a prioridade da política do Programa Nacional de Valorização do Trabalhador (PNVT). Entre as 10 prioridades selecionadas estavam a Segurança, a Higiene e a Medicina do Trabalho (BRASIL,1972).

1974: Início dos cursos para formação dos profissionais de segurança, higiene e medicina do trabalho.

1977: A Lei n° 6.514, de 22 de dezembro de 1977, modificou o Capítulo V do Título II da CLT e deu uma nova dimensão para a CIPA. Essa lei estabeleceu a obrigatoriedade de sua implantação e a estabilidade no emprego para seus membros, entre outros avanços (BRASIL,1977).

1978: São criadas as normas regulamentadoras (NRs), aprovadas pela Portaria nº 3.214 do MTE, de 08 de junho de 1978, aproveitando e ampliando as portarias existentes e os atos normativos adotados até na construção da Hidrelétrica de Itaipu. Na ocasião foram criadas 28 normas (BRASIL,1978a).

1979: Em virtude da carência de profissionais para compor o Serviço Especializado em Engenharia de Segurança e em Medicina do Trabalho (SESMT), a Resolução n° 262 regulamenta a criação de cursos em caráter prioritário para esses profissionais (CONSELHO FEDERAL DE ENGENHARIA, ARQUITETURA E AGRONOMIA, 1979).

1983: A Portaria n° 33 altera a Norma Regulamentadora n° 5, introduzindo nela os riscos ambientais (BRASIL,1983).

1985: A Lei n° 7.410, de 27 de novembro de 1985, oficializa a especialização em Engenharia de Segurança do Trabalho e cria a categoria profissional de Técnico de Segurança do Trabalho, até então os únicos profissionais prevencionistas não reconhecidos legalmente. Foi previsto o prazo de 120 dias para o MEC publicar os currículos básicos do curso de especialização em Técnico de Segurança do Trabalho (BRASIL,1985a).

1986: A Lei nº 7.498/86 regulamenta as profissões de enfermeiro, técnico de enfermagem e auxiliar de enfermagem (BRASIL, 1986a).

1986: A Lei nº 92.530, de 09 de abril de 1986, regulamenta a categoria de técnico de segurança do trabalho, que, na década de 1950, era chamada de "inspetor de segurança" (BRASIL, 1986b).

1987: Por meio do Parecer nº 632/87 do MEC (BRASIL, 1987a), foi estabelecido o curso de formação de técnico de segurança do trabalho, em vigor com base na Lei nº 7.410, de 27 de novembro de 1985 (BRASIL, 1985a).

1990: O quadro do SESMT (NR 4) é atualizado. A partir de então, o SESMT é formado pelos seguintes profissionais:

- engenheiro de segurança do trabalho;
- médico do trabalho;
- enfermeiro do trabalho;
- auxiliar de enfermagem do trabalho;
- técnico de segurança do trabalho.

1991: A Lei nº 8.213/91 (BRASIL,1991a) estabelece o conceito legal de acidente de trabalho e de trajeto nos Artigos 19 a 21 e também estabelece a obrigação da empresa em comunicar os acidentes de trabalho às autoridades competentes no Artigo 22. Essa lei foi posteriormente alterada pelo Decreto nº 611, de 21 de julho de 1992 (BRASIL, 1992a).

2001: Entra em vigor a Portaria nº 458, de 4 de outubro de 2001, que proíbe, a partir de então, o trabalho infantil no Brasil (BRASIL, 2001a).

2009: O termo "ato inseguro" é retirado do item 1.7 da NR 1. Isso é motivo de comemoração para muitos prevencionistas, que reclamavam que o termo muitas vezes retirava a responsabilidade do empregador, pois era fácil rotular os acidentes somente como ato inseguro, o que dificultava o estabelecimento da verdadeira causa (BRASIL,1978b).

2012: A presidente do Brasil institui, por meio da Lei nº 12.645, de 16 de maio de 2012, o dia 10 de outubro como o Dia Nacional de Segurança e de Saúde nas Escolas (BRASIL, 2012).

» ASSISTA AO FILME
No ambiente virtual de aprendizagem Tekne você encontra um vídeo sobre a história da segurança do trabalho.

» Normas regulamentadoras

Partindo da obrigatoriedade criada pela Organização Internacional do Trabalho (OIT) na Convenção nº 161/85, o governo brasileiro publicou a Portaria GM nº 3.214, de 8 de junho de 1978, do Ministério do Trabalho (BRASIL, 1978a), que se baseou no Artigo 200 da Consolidação das Leis do Trabalho, com redação dada pela Lei nº 6.514, de 22 de dezembro de 1977 (BRASIL, 1977). Em seu Artigo 1º, essa Portaria aprovou as normas regulamentadoras do Capítulo V, Título II, da Consolidação das Leis do Trabalho (CLT) relativas à segurança e medicina do trabalho (BRASIL, 1943).

» NO SITE
Acesse o ambiente virtual de aprendizagem Tekne para ler na íntegra a Convenção n° 161/85 da OIT e a Portaria GM n° 3.214.

» PARA SABER MAIS
Conheça todas as normas regulamentadoras atualmente em vigor acessando o ambiente virtual de aprendizagem Tekne.

Foram publicadas 28 normas, baseadas em regulamentos e procedimentos adotados principalmente durante a construção da hidrelétrica de Itaipu e substituíram diversas portarias anteriores. Atualmente há 35 normas regulamentadoras em vigor, listadas a seguir.

NR 1: Estabelece o campo de aplicação de todas as normas regulamentadoras de segurança e medicina do trabalho urbano, bem como os direitos e as obrigações do governo, dos empregadores e dos trabalhadores no tocante a esse tema específico. A fundamentação legal desta norma são os Artigos 154 a 159 da CLT (BRASIL, 1943).

NR 2: Estabelece as situações em que as empresas deverão solicitar ao MTE a realização de inspeção prévia em seus estabelecimentos, bem como a forma de sua realização. A fundamentação legal desta norma é o Artigo 160 da CLT (BRASIL, 1943).

NR 3: Estabelece as situações em que as empresas se sujeitam a sofrer paralisação de seus serviços, máquinas ou equipamentos, bem como os procedimentos a serem observados, pela fiscalização trabalhista, na adoção de tais medidas punitivas no tocante à segurança e à medicina do trabalho. A fundamentação legal desta norma é o Artigo 161 da CLT (BRASIL, 1943).

NR 4: Estabelece a obrigatoriedade das empresas públicas e privadas que possuam empregados regidos pela CLT de organizarem e manterem em funcionamento SESMTs com a finalidade de promover a saúde e proteger a integridade do trabalhador no local de trabalho. A fundamentação legal desta norma é o Artigo 162 da CLT (BRASIL, 1943).

NR 5: Estabelece a obrigatoriedade de as empresas públicas e privadas organizarem e manterem em funcionamento as CIPAs. Elas devem ser constituídas exclusivamente por empregados e terem como objetivo a prevenção de infortúnios laborais. A CIPA deve apresentar sugestões e recomendações ao empregador para que melhore as condições de trabalho, eliminando as possíveis causas de acidentes e doenças ocupacionais. A fundamentação legal desta norma são os Artigos 163 a 165 da CLT (BRASIL, 1943).

NR 6: Estabelece e define os tipos de equipamentos de proteção individual (EPIs) que as empresas estão obrigadas a fornecer a seus empregados sempre que as condições de trabalho o exigirem, a fim de resguardar a saúde e a integridade física dos trabalhadores. A fundamentação legal desta norma são os Artigos 166 e 167 da CLT (BRASIL, 1943).

NR 7: Estabelece a obrigatoriedade de elaboração e implementação, por parte de todos os empregadores e instituições que admitam trabalhadores como empregados, do Programa de Controle Médico de Saúde Ocupacional (PCMSO), com o objetivo de promover e preservar a saúde do conjunto dos seus trabalhadores. A fundamentação legal desta norma são os Artigos 168 e 169 da CLT (BRASIL, 1943).

NR 8: Dispõe sobre os requisitos técnicos mínimos que devem ser observados nas edificações para garantir segurança e conforto aos que nelas trabalham. A fundamentação legal desta norma são os Artigos 170 a 174 da CLT (BRASIL, 1943).

NR 9: Estabelece a obrigatoriedade de elaboração e implementação, por parte de todos os empregadores e instituições que admitam trabalhadores como empregados, do Programa de Prevenção de Riscos Ambientais (PPRA). Visa à preservação da saúde e da integridade física dos trabalhadores por meio da antecipação, do reconhecimento, da avaliação e do consequente controle da ocorrência de riscos ambientais existentes ou que venham a existir no ambiente de trabalho, considerando a proteção do meio ambiente e dos recursos naturais. A fundamentação legal desta norma são os Artigos 175 a 178 da CLT (BRASIL, 1943).

NR 10: Estabelece as condições mínimas exigíveis para garantir a segurança dos empregados que trabalham nas diversas etapas de instalações elétricas, incluindo elaboração de projetos, execução, operação, manutenção, reforma e ampliação, bem como a segurança de usuários e de terceiros em quaisquer das fases de geração, transmissão, distribuição e consumo de energia elétrica, observando-se, para tanto, as normas técnicas oficiais vigentes e, na falta destas, as normas técnicas internacionais. A fundamentação legal desta norma são os Artigos 179 a 181 da CLT (BRASIL, 1943).

NR 11: Estabelece os requisitos de segurança a serem observados nos locais de trabalho no que se refere ao transporte, à movimentação, à armazenagem e ao manuseio de materiais, tanto de forma mecânica quanto manual, objetivando a prevenção de infortúnios laborais. A fundamentação legal desta norma são os Artigos 182 e 183 da CLT (BRASIL, 1943).

NR 12: Estabelece as medidas prevencionistas de segurança e higiene do trabalho a serem adotadas pelas empresas em relação à instalação, operação e manutenção de máquinas e equipamentos, visando à prevenção de acidentes do trabalho. A fundamentação legal desta norma são os Artigos 184 e 186 da CLT (BRASIL, 1943).

NR 13: Estabelece todos os requisitos técnico-legais relativos à instalação, operação e manutenção de caldeiras e vasos de pressão, de modo a prevenir a ocorrência de acidentes do trabalho. A fundamentação legal desta norma são os Artigos 187 e 188 da CLT (BRASIL, 1943).

NR 14: Estabelece as recomendações técnico-legais pertinentes à construção, operação e manutenção de fornos industriais nos ambientes de trabalho. A fundamentação legal desta norma é o Artigo 187 da CLT (BRASIL, 1943).

NR 15: Descreve atividades, operações e agentes insalubres, inclusive seus limites de tolerância, definindo, assim, as situações que, quando vivenciadas nos ambientes de trabalho pelos trabalhadores, ensejam a caracterização do exercício insalubre e também os meios de proteger os trabalhadores de tais exposições nocivas à sua saúde. A fundamentação legal desta norma são os Artigos 189 e 192 da CLT (BRASIL, 1943).

NR 16: Regulamenta as atividades e as operações legalmente consideradas perigosas, estipulando as recomendações prevencionistas correspondentes. Especificamente no que diz respeito aos Anexos nº 01 (Atividades e Operações Perigosas com Explosivos) e nº 02 (Atividades e Operações Perigosas com Inflamáveis), têm a sua existência jurídica assegurada pelos Artigos 193 a 197 da CLT. A fundamentação legal que dá embasamento jurídico à caracterização da energia elétrica como terceiro agente periculoso é a Lei nº 7.369, de 22 de setembro de 1985, que institui o adicional de periculosidade para os profissionais da área de eletricidade (BRASIL, 1985b).

>> CURIOSIDADE

A Portaria nº 3.393, de 17 de dezembro de 1987 (BRASIL, 1987b), em resposta ao famoso acidente com o Césio 137 em Goiânia, veio a enquadrar as radiações ionizantes, que já eram insalubres de grau máximo, como quarto agente periculoso. Tal enquadramento é legalmente controvertido, uma vez que não existe lei autorizadora para tal.

NR 17: Descreve a ergonomia, que visa estabelecer parâmetros que permitam a adaptação das condições de trabalho às condições psicofisiológicas dos trabalhadores, de modo a proporcionar um máximo de conforto, segurança e desempenho eficiente. A fundamentação legal desta norma são os Artigos 198 e 199 da CLT (BRASIL, 1943).

NR 18: Estabelece diretrizes de ordem administrativa, de planejamento e de organização que objetivam a implementação de medidas de controle e sistemas preventivos de segurança nos processos, nas condições e no meio ambiente de trabalho na indústria da construção civil. A fundamentação legal desta norma é o Artigo 200, inciso I da CLT (BRASIL, 1943).

NR 19: Estabelece as disposições regulamentadoras acerca do depósito, manuseio e transporte de explosivos, objetivando a proteção da saúde e integridade física dos trabalhadores em seus ambientes de trabalho. A fundamentação legal desta norma é o Artigo 200, inciso II da CLT (BRASIL, 1943).

NR 20: Estabelece as disposições regulamentares acerca do armazenamento, manuseio e transporte de líquidos combustíveis e inflamáveis, objetivando a proteção da saúde e a integridade física dos trabalhadores em seus ambientes de trabalho. A fundamentação legal desta norma é o Artigo 200, inciso II da CLT (BRASIL, 1943).

NR 21: Tipifica as medidas prevencionistas relacionadas à prevenção de acidentes em atividades desenvolvidas a céu aberto, como em minas ao ar livre e em pedreiras. A fundamentação legal desta norma é o Artigo 200, inciso IV da CLT (BRASIL, 1943).

NR 22: Estabelece métodos de segurança a serem observados pelas empresas que desenvolvem trabalhos subterrâneos, de modo a proporcionar a seus empregados satisfatórias condições de segurança e medicina do trabalho. A fundamentação legal desta norma são os Artigos 293 a 301 e o Artigo 200, inciso III, todos da CLT (BRASIL, 1943).

NR 23: Estabelece as medidas de proteção contra incêndios que devem dispor os locais de trabalho, visando à prevenção da saúde e da integridade física dos trabalhadores. A fundamentação legal desta norma é o Artigo 200, inciso IV da CLT (BRASIL, 1943).

NR 24: Disciplina os preceitos de higiene e de conforto a serem observados nos locais de trabalho, especialmente no que se refere a banheiros, vestiários, refeitórios, cozinhas, alojamentos e água potável, visando à higiene dos locais de trabalho e à proteção da saúde dos trabalhadores. A fundamentação legal desta norma é o Artigo 200, inciso VII da CLT (BRASIL, 1943).

NR 25: Estabelece as medidas preventivas a serem observadas pelas empresas no destino final a ser dado aos resíduos industriais resultantes dos ambientes de trabalho, de modo a proteger a saúde e a integridade física dos trabalhadores. A fundamentação legal desta norma é o Artigo 200, inciso VII da CLT (BRASIL, 1943).

NR 26: Estabelece a padronização das cores a serem utilizadas como sinalização de segurança nos ambientes de trabalho, de modo a proteger a saúde e a integridade física dos trabalhadores. A fundamentação legal desta norma é o Artigo 200, inciso VIII da CLT (BRASIL, 1943).

NR 27: Esta norma regulamentadora foi revogada a partir de 30 de maio de 2008 pela Portaria MTE nº 262, de 29 de maio de 2008 (BRASIL, 2008a).

NR 28: Estabelece os procedimentos a serem adotados pela fiscalização trabalhista de segurança e medicina do trabalho tanto no que diz respeito à concessão de prazos às empresas para a correção de irregularidades técnicas quanto no que concerne ao procedimento de autuação por infração às Normas Regulamentadoras de Segurança e Medicina do Trabalho. A fundamentação legal é o Artigo 201 da CLT (BRASIL, 1943), com as alterações que lhe foram dadas pelo Artigo 2° da Lei n° 7.855, de 24 de outubro de 1989 (BRASIL, 1989a), que institui o Bônus do Tesouro Nacional (BTN) como valor monetário a ser utilizado na cobrança de multas, e posteriormente, pelo Artigo 1° da Lei n° 8.383 de 30 de dezembro de 1991 (BRASIL, 1991b), especificamente no tocante à instituição da Unidade Fiscal de Referência (UFIR), como valor monetário a ser utilizado na cobrança de multas em substituição ao BTN.

NR 29: Regula a proteção obrigatória contra acidentes e doenças profissionais, facilita os primeiros-socorros a acidentados e alcança as melhores condições possíveis de segurança e saúde aos trabalhadores portuários. As disposições contidas nesta norma aplicam-se aos trabalhadores portuários em operações tanto a bordo como em terra, assim como aos demais trabalhadores que exerçam atividades em portos organizados e instalações portuárias de uso privativo e retroportuárias situadas dentro ou fora da área do porto organizado. Sua existência jurídica está assegurada pela Medida Provisória n° 1.575-6, de 27 de novembro de 1997 (BRASIL, 1997), pelo Artigo 200 da CLT (BRASIL, 1943), e pelo Decreto n° 99.534, de 19 de setembro de 1990 (BRASIL, 1990a), que promulga a Convenção n° 152 da OIT.

NR 30: Aplica-se aos trabalhadores de toda embarcação comercial utilizada no transporte de mercadorias ou de passageiros, na navegação marítima de longo curso, na cabotagem, na navegação interior, no serviço de reboque em alto-mar, bem como em plataformas marítimas e fluviais, quando em deslocamento, e embarcações de apoio marítimo e portuário. A observância desta norma regulamentadora não desobriga as empresas do cumprimento de outras disposições legais com relação à matéria e outras oriundas de convenções, acordos e contratos coletivos de trabalho.

NR 31: Estabelece os preceitos a serem observados na organização e no ambiente de trabalho, de forma a tornar compatível o planejamento e o desenvolvimento das atividades da agricultura, pecuária, silvicultura, exploração florestal e aquicultura com a segurança e saúde e meio ambiente do trabalho. A sua existência jurídica é assegurada pelo Artigo 13 da Lei nº. 5.889, de 08 de junho de 1973 (BRASIL, 1973).

NR 32: Estabelece as diretrizes básicas para a implementação de medidas de proteção à segurança e à saúde dos trabalhadores dos serviços de saúde, bem como daqueles que exercem atividades de promoção e assistência à saúde em geral.

NR 33: Estabelece os requisitos mínimos para a identificação de espaços confinados e o reconhecimento, a avaliação, o monitoramento e o controle dos riscos existentes, de forma a garantir permanentemente a segurança e a saúde dos trabalhadores que interagem direta ou indiretamente nesses espaços.

NR 34: Estabelece os requisitos mínimos e as medidas de proteção à segurança, à saúde e ao meio ambiente de trabalho nas atividades da indústria de construção e reparação naval.

NR 35: Estabelece os requisitos mínimos e as medidas de proteção para o trabalho em altura, envolvendo seu planejamento, sua organização e sua execução, de forma a garantir a segurança e a saúde dos trabalhadores envolvidos direta ou indiretamente com essa atividade.

» ASSISTA AO FILME
Assista ao vídeo sobre Saúde ocupacional e segurança do Trabalho – Normas Regulamentadoras, disponível no ambiente virtual de aprendizagem Tekne.

NR 36: Estabelece os requisitos mínimos para a avaliação, o controle e o monitoramento dos riscos existentes nas atividades desenvolvidas na indústria de abate e processamento de carnes e derivados destinados ao consumo humano, de forma a garantir permanentemente a segurança, a saúde e a qualidade de vida no trabalho, sem prejuízo da observância do disposto nas demais normas regulamentadoras do Ministério do Trabalho e Emprego.

» IMPORTANTE

As normas regulamentadoras elevaram o nível de aplicação das leis sobre a segurança do trabalho em todas as áreas de atividades econômicas, uma vez que elas se completam e interagem, buscando em cada atividade aspectos que estejam previstos em uma das atuais 35 publicações. Não é aceitável que uma atividade seja desenvolvida sem a presença dos preceitos previstos nas normas reguladoras.

» Agora é a sua vez!

Monte um esquema para organizar o conteúdo das normas regulamentadoras e seus anexos utilizando o modelo disponível no ambiente virtual de aprendizagem Tekne.

capítulo 2

Principais comissões e programas de segurança do trabalho no Brasil

Neste capítulo são apresentadas as principais comissões e os programas de segurança do trabalho existentes no Brasil, incluindo aspectos relativos à sua elaboração e implantação. A legislação brasileira contempla uma série de medidas relacionadas à segurança do trabalho baseadas nos princípios da Consolidação das Leis do Trabalho (CLT), que dão origem a essas comissões e programas.

Objetivos de aprendizagem

» Consolidar um pensamento crítico-construtivo sobre a segurança do trabalho no Brasil.

» Aplicar as exigências contidas nas normas regulamentadoras, utilizadas na elaboração, na implantação e na gestão das comissões e dos programas de segurança do trabalho em empresas brasileiras.

» Participar e colaborar no desenvolvimento de comissões e programas de segurança do trabalho.

» Avaliar documentos existentes sobre a segurança do trabalho em uma empresa ou uma área da empresa.

>> Para começar

A evolução da legislação trabalhista brasileira no tocante à segurança do trabalho está em constante desenvolvimento para prevenir as diversas situações de risco a que os trabalhadores estão sujeitos durante suas atividades profissionais.

As três primeiras normas regulamentadoras (NR 1, Disposições gerais; NR 2, Inspeção prévia; e NR 3, Embargo ou interdição), apesar de terem sido publicadas simultaneamente com as NRs 4 a 28 pela Portaria GM nº 3.214, de 8 de junho de 1978 (BRASIL, 1978a), serviram de instrumento para a criação de uma base de sustentabilidade para todas as NRs publicadas após junho de 1978.

A decisão governamental de passar a publicar as normas regulamentadoras por temas abrangidos pela extensa e confusa legislação existente anteriormente alavancou sobremaneira o desenvolvimento da segurança do trabalho no Brasil e possibilitou identificar riscos que anteriormente não eram considerados. Assim, responsabilidades e limites foram estabelecidos.

>> Serviço Especializado em Engenharia de Segurança e Medicina do Trabalho (SESMT)

O Serviço Especializado em Engenharia de Segurança e Medicina do Trabalho (SESMT) tem por objetivo a promoção da saúde e a proteção da integridade física do servidor no seu local de trabalho. A norma que rege esses serviços é a NR 4, aprovada pela Portaria nº 3.214, de 8 de junho de 1978 (BRASIL, 1978a), do Ministério do Trabalho.

>> DICA

Por ter sido publicada já há alguns anos, a NR 4 sofreu algumas alterações em seu texto original. Para entender melhor o tema, é aconselhável acessar o texto da NR publicado no *site* do Governo Federal e as portarias que promoveram as alterações.

Todas as empresas que possuem empregados sob o regime da CLT devem ter o SESMT (item 4.1) dimensionado de acordo com os Quadros I e II da NR 4 (item 4.2). As formas de dimensionamento do SESMT e os casos especiais estão previstos nos itens 4.2.1 a 4.3.4. Todos os custos decorrentes da instalação e manutenção do SESMT são do empregador (item 4.11) (BRASIL, 1978a).

Segundo o item 4.4 da NR 4 (BRASIL, 1978a), dependendo da quantidade de empregados e da natureza das atividades, o serviço pode incluir os profissionais relacionados a seguir que comprovem os requisitos especificados (item 4.4.1), sendo que um deles é o responsável pelo SESMT (item 4.7). Tais profissionais não podem exercer outra atividade remunerada na empresa durante o horário de atuação no SESMT (item 4.10), sob pena de a empresa ser punida por cometer infrações classificadas no item 4.19, código 104025-1, grau 4, tipo S da NR 28 (BRASIL, 1978a).

> **NO SITE**
> Acesse o ambiente virtual de aprendizagem Tekne (www.grupoa.com.br/tekne) para ter acesso ao texto atualizado da NR 4.

» Engenheiro de segurança do trabalho

Engenheiro ou arquiteto portador de certificado de conclusão de curso de especialização em engenharia de segurança do trabalho, em nível de pós-graduação, de acordo com o disposto na Lei nº 7.410, de 27 de novembro de 1985 (item 4.4.1.1) (BRASIL, 1985a). Conforme disposto no Quadro II da NR 4, sendo empregado da empresa ou de empresa prestadora de serviços, ele "[...] deve dedicar, no mínimo, 3 (três) horas (tempo parcial) ou 6 (seis) horas (tempo integral) por dia para as atividades do SESMT." (item 4.9).

» Médico do trabalho

Médico portador de certificado de conclusão de curso de especialização em medicina do trabalho, em nível de pós-graduação, ou portador de certificado de residência médica em área de concentração em saúde do trabalhador ou denominação equivalente, reconhecida pela Comissão Nacional de Residência Médica do Ministério da Educação, ambos ministrados por universidade ou faculdade que mantenha curso de graduação em medicina. Conforme disposto no Quadro II da NR 4, sendo empregado da empresa ou de empresa prestadora de serviços, ele deve "[...] dedicar, no mínimo, 3 (três) horas (tempo parcial) ou 6 (seis) horas (tempo integral) por dia para as atividades do SESMT." (item 4.9) (BRASIL, 1978a).

» Enfermeiro do trabalho

Enfermeiro portador de certificado de conclusão de curso de especialização em enfermagem do trabalho, em nível de pós-graduação, ministrado por universidade ou faculdade que mantenha curso de graduação em enfermagem. Conforme disposto no Quadro II da NR 4, sendo empregado da empresa ou de empresa prestadora de serviços, ele deve "[...] dedicar, no mínimo, 3 (três) horas (tempo parcial) ou 6 (seis) horas (tempo integral) por dia para as atividades do SESMT." (item 4.9) (BRASIL, 1978a).

» Auxiliar de enfermagem do trabalho

Auxiliar de enfermagem ou técnico de enfermagem portador de certificado de conclusão de curso de qualificação de auxiliar de enfermagem do trabalho, ministrado por instituição especializada reconhecida e autorizada pelo Ministério da Educação. Conforme disposto no Quadro II da NR 4, sendo empregado da empresa ou de empresa prestadora de serviços, ele deve permanecer na empresa durante 8 (oito) horas por dia envolvido com as atividades do SESMT (item 4.8) (BRASIL, 1978a).

Técnico de segurança do trabalho

Técnico portador de comprovação de Registro Profissional expedido pelo Ministério do Trabalho de acordo com o disposto na Lei nº 7.410, de 27 de novembro de 1985 (item 4.4.1.1) (BRASIL, 1985a). Conforme disposto no Quadro II da NR, sendo empregado da empresa ou de empresa prestadora de serviços, ele deve permanecer na empresa durante 8 (oito) horas por dia envolvido com as atividades do SESMT (item 4.8) (BRASIL, 1978a).

Os profissionais do SESMT devem ser empregados da empresa (item 4.4.2), mas existem empresas que terceirizam seus serviços. As empresas que terceirizam o SESMT têm de seguir o que determina a NR 4 com relação aos funcionários nos itens 4.4.2, 4.5, 4.5.1, 4.5.2 e 4.6, conforme previsto nos itens 4.14 e 4.15. A empresa pode terceirizar o SESMT a empresas especializadas e incluir nele funcionários das empresas contratadas, desde que isso conste na Convenção ou no Acordo Coletivo de Trabalho (itens 4.5.3, 4.5.3.1, 4.5.3.2 e 4.5.3.3) (BRASIL, 1978a).

Também podem compor a equipe do SESMT profissionais habilitados (não precisam ser registrados no Ministério do Trabalho e Emprego – MTE) cuja atividade contribua para a melhoria das condições pessoais dos funcionários, como:

- terapeuta ocupacional;
- professor de educação física;
- músico terapeuta;
- fisioterapeuta.

Dentre as atividades do SESMT, mensalmente terão de ser registrados os dados atualizados de acidente do trabalho, doenças ocupacionais e agentes de insalubridades preenchendo, no mínimo, os quesitos descritos nos modelos de mapas constantes nos Quadros III, IV, V e VI da NR 4 (BRASIL, 1978a). Além disso, a empresa precisará encaminhar um mapa contendo a avaliação anual desses dados à Secretaria de Segurança e Medicina do Trabalho até o dia 31 de janeiro de cada ano. As empresas desobrigadas de indicarem médico coordenador ficam dispensadas de elaborar o relatório anual, de acordo com a Portaria nº 8, de 08 de maio de 1996 (BRASIL, 1996). (NR 7, alterações introduzidas pela Portaria nº 8, de 08/05/96, DOU de 09/05/96).

O SESMT deverá ser registrado no órgão regional do MTE (itens 4.17 e 4.18) mediante requerimento contendo os dados listados no item 4.17.1, alíneas "a" a "e". Além da ficha de registro de empregado, contendo nome completo, CPF, carga horária diária (entrada, saída e intervalo para refeição), cargo e função de sua especialidade, deve ser enviada em anexo à ficha de inscrição a fotocópia de um dos seguintes documentos profissionais, de acordo com o caso:

- carteira de técnico de segurança do trabalho;
- diploma/certificado de curso com habilitação para auxiliar de enfermagem do trabalho;
- diploma/certificado de curso com habilitação para enfermeiro do trabalho;
- diploma/certificado de curso com habilitação para engenheiro do trabalho;
- diploma/certificado de curso com habilitação para medicina do trabalho.

Em razão de sua importância, a legislação do SESMT é bastante flexível e permite várias formas e meios para sua instalação, de acordo com os itens 4.14, 4.14.1, 4.14.2, 4.14.3, 4.14.3.1, 4.14.3.2, 4.14.3.3, 4.14.3.4, 4.14.4, 4.14.4.1, 4.14.4.2, 4.14.4.3, 4.15, 4.16, 4.16.1 e 4.20, não sendo, portanto, justificável a sua inexistência, sob pena de punição fiscal prevista na NR 28 (BRASIL, 1978a).

» NO SITE
Acesse o ambiente virtual de aprendizagem Tekne para ler na íntegra a Lei nº 7.410, de 27 de novembro de 1985.

» NO SITE
O formulário para registro do SESMT está disponível no ambiente virtual de aprendizagem Tekne.

» NO SITE
Uma boa maneira de verificar se o SESMT da empresa está corretamente implantado ou conferir se todos os itens foram providenciados para sua implantação é o uso de uma *checklist*. No ambiente virtual de aprendizagem Tekne você encontra um modelo de *checklist* para a implantação do SESMT.

» Programas do SESMT

A equipe do SESMT cria e implanta programas de orientação ao trabalhador sobre os mais diversos assuntos que contribuam para seu bem-estar, segurança e saúde. Os programas realizados pelo SESMT são importantes para o trabalhador e para a empresa, pois contribuem muito para a melhoria da qualidade de vida do trabalhador, o que se reflete na imagem da empresa. A seguir, são detalhados os programas mais comumente encontrados.

O **Programa de Segurança no Trabalho** tem por objetivo a proteção à saúde e à integridade física e psíquica do trabalhador em seu local de trabalho. O programa orienta sobre a necessidade de cumprimento das normas de segurança e uso dos EPIs e instrui sobre os perigos relacionados à saúde (p. ex., DSTs/AIDS) por meio de cursos e palestras.

O **Programa de Recreação Laboral** traz grandes resultados à empresa pela melhoria do desempenho físico e do controle emocional dos trabalhadores, o que melhora a qualidade de vida e reduz os afastamentos causados por LER e DORT. As atividades desenvolvidas na recreação laboral pelos profissionais de educação física e terapia ocupacional complementam as orientações prescritas pelo médico do trabalho, pela CIPA e pela área de recursos humanos da empresa.

O programa de recreação laboral é estabelecido pelo SESMT da empresa e busca desenvolver nos funcionários o autoconhecimento, a criatividade e a motivação, além de melhorar a integração e cooperação nos trabalhos em equipe, proporcionar um aumento nos relacionamentos sociais e gerar bem-estar físico e mental. Também busca proporcionar aos indivíduos oportunidades de melhorias comportamentais (p. ex., timidez) e desenvolvimento de virtudes e competências (p. ex., liderança e autoconfiança).

> » **IMPORTANTE**
> O SESMT e a CIPA devem caminhar lado a lado na prevenção de acidentes, na correção de falhas e na segurança e saúde do trabalho, realizando ações conjuntas e complementares (subitem 5.14.1 NR 5) (item 4.13).

> » **DEFINIÇÃO**
> LER (lesão por esforço repetitivo) e DORT (distúrbio osteomuscular relacionado ao trabalho) são siglas usadas para nomear doenças ocupacionais que afetam inúmeros trabalhadores no mundo todo.

Figura 2.1 Recreação laboral.
Fonte: ajkkafe/iStock/Thinkstock.

Já o **Programa de Ginástica Laboral** trata da aplicação de exercícios específicos por especialistas durante a jornada de trabalho a fim de promover a saúde do trabalhador por meio da compensação do esforço para evitar a ocorrência de LER e DORT. A ginástica laboral melhora a disposição física e mental do trabalhador, tornando-o fisicamente mais capaz e mentalmente mais confiante para desempenhar suas funções.

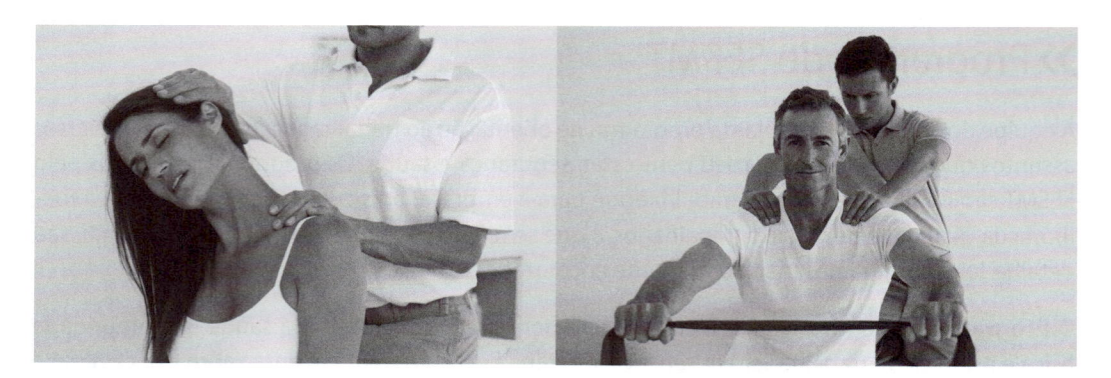

Figura 2.2 Ginástica laboral.
Fonte: Wavebreakmedia Ltd/Lightwavemedia/Thinkstock.

O **Programa de Alimentação do Trabalhador (PAT)** foi instituído pela Lei nº 6.321, de 14 de abril de 1976 (BRASIL, 1976), e regulamentado pelo Decreto nº 5, de 14 de janeiro de 1991 (BRASIL, 1991c), e prioriza o atendimento aos trabalhadores de baixa renda, isto é, aqueles que ganham até cinco salários mínimos mensais. Esse programa, estruturado em parceria entre o governo, a empresa e o trabalhador, tem como unidade gestora a Secretaria de Inspeção do Trabalho/Departamento de Segurança e Saúde no Trabalho.

De acordo com o Artigo 4 da Portaria nº 3, de 1º março de 2002 (BRASIL, 2002a), a participação financeira do trabalhador fica limitada a 20% do custo direto da refeição. O Quadro 2.1 apresenta os objetivos do PAT segundo o Ministério do Trabalho e Emprego.

> **PARA SABER MAIS**
> No ambiente virtual de aprendizagem Tekne você encontra diversos materiais sobre assuntos relacionados ao SESMT.

> **ASSISTA AO FILME**
> Acesse o ambiente virtual de aprendizagem Tekne para assistir a um vídeo sobre o SESMT.

Quadro 2.1 » Objetivos do Programa de Alimentação do Trabalhador (PAT)

Para o trabalhador	Melhoria das condições nutricionais e da qualidade de vida
	Aumento da capacidade física
	Aumento da resistência à fadiga
	Aumento da resistência a doenças
Para as empresas	Aumento de produtividade
	Maior integração entre trabalhador e empresa
	Redução do absenteísmo (atrasos e faltas)
	Redução da rotatividade
Para o governo	Redução de despesas e investimentos na área da saúde
	Crescimento da atividade econômica
	Bem-estar social

» Certificação OHSAS 18001 – saúde e segurança ocupacional

Após a internacionalização de sua economia, o Brasil passou a ser destino de inúmeras empresas multinacionais, as quais trouxeram para nosso país o conceito de certificação de seus processos junto a entidades internacionais. Isso gerou nas empresas nacionais a necessidade de certificação nesses organismos para manterem-se competitivas.

A certificação indicada para as empresas serem reconhecidas como seguidoras de padrões internacionais de qualidade na área de segurança e saúde do trabalhador é a OHSAS 18001 (Occupational Health and Safety Assessment Specification), norma de requisitos relacionados ao sistema de gestão de saúde e segurança que permite a uma organização ter controle e conhecimento de todos os perigos relevantes resultantes de operações normais e anormais para, assim, melhorar seu desempenho.

A OHSAS 18001 é compatível com as exigências de qualidade das normas ISO 9001 e ISO 14001. Ela pode ser adotada por qualquer organização, independentemente de pertencer ao setor industrial.

> **» PARA SABER MAIS**
> Você encontra mais informações sobre a OHSAS e a ISO acessando o ambiente virtual de aprendizagem Tekne.

> **» ASSISTA AO FILME**
> Acesse o ambiente virtual de aprendizagem Tekne para assistir a um vídeo sobre a implantação da OHSAS 18001 no Metrô de São Paulo.

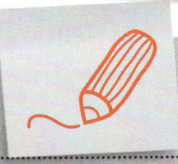

» Agora é a sua vez!

O objetivo desta atividade é proporcionar a oportunidade de conhecer o SESMT de uma empresa por meio da elaboração de uma *checklist* dos tópicos previstos na NR 4.

1. Obtenha o documento do SESMT de uma empresa que você tenha acesso e faça a *checklist*.
2. Relate suas observações e envie para o SESMT da empresa com uma cópia da *checklist* anexada.
3. Agende uma reunião com o responsável pelo SESMT analisado e procure entender todos os aspectos envolvidos em sua elaboração e aperfeiçoamento.

» Comissão Interna de Prevenção de Acidentes (CIPA)

A criação da Comissão Interna de Prevenção de Acidentes (CIPA) foi a primeira providência tomada pelo governo brasileiro após a publicação da CLT pelo Decreto-Lei nº 5.452, de 1º de maio de 1943, que entrou em vigor em 10 de novembro de 1943 (BRASIL, 1943).

Em 1944, foi publicado o Decreto-Lei nº 7.036, que aperfeiçoou a legislação sobre a segurança e a higiene do trabalho e garantiu a assistência médica, hospitalar e farmacêutica aos acidentados, bem como indenizações por danos pessoais ocasionados por acidentes. Esse decreto também criou a CIPA em seu Artigo 82 (BRASIL, 1944).

Em 1953, foi publicada a Portaria nº 155 (BRASIL, 1953), com a finalidade de regulamentar, organizar e normatizar o funcionamento das CIPAs (BRASIL, 1953). A legislação evoluiu em 1977, quando a Lei nº 6.514, de 22 de dezembro de 1977 (BRASIL,1977), modificou o Capítulo V do Título II da CLT e deu uma nova dimensão para a CIPA, estabelecendo sua obrigatoriedade e estabilidade, entre outros avanços (BRASIL, 1977).

O grande avanço da legislação sobre a segurança do trabalho ocorreu com a publicação da Portaria nº 3.214, de 8 de junho de 1978, do MTE, que criou normas regulamentadoras (NRs) formuladas a partir de portarias existentes e de atos normativos publicados anteriormente (BRASIL, 1978a). Desde então, a CIPA passou a ser regulamentada por força da NR 5.

>> DICA

Por ter sido publicada já há alguns anos, a NR 5 sofreu algumas alterações em seu texto original. Para entender melhor o tema, é aconselhável acessar o texto da NR publicado no *site* do Governo Federal e as portarias que promoveram as alterações.

>> **NO SITE**
Acesse o ambiente virtual de aprendizagem Tekne para ter acesso ao texto atual da NR 5.

A missão da CIPA é preservar a saúde e a integridade física dos trabalhadores e de todos aqueles que interagem com a empresa. Para uma completa compreensão dessa missão, é necessário analisar a NR 5 em todos os seus aspectos, apresentados a seguir. Por motivos didáticos, não seguimos rigorosamente a sequência dos títulos apresentados na NR, mas os organizamos na ordem em que ocorrem na prática.

>> Objetivos da CIPA

O texto atual da NR 5 foi dado pela Portaria SSST nº 08, de 23 de fevereiro de 1999 (BRASIL, 1999a). Conforme descrito em seu primeiro item, a CIPA tem como objetivo prevenir acidentes e doenças decorrentes do trabalho, a fim de tornar o trabalho permanentemente compatível com a preservação da vida e a promoção da saúde do trabalhador.

O objetivo da CIPA implica uma enorme responsabilidade e a investe de um grande poder, pois, para alcançar o objetivo determinado pela NR 5, ela deve exercer a fiscalização da segurança do trabalho e saúde do trabalhador na empresa, bem como tomar providências quanto às irregularidades e promover ações de prevenção. A qualidade de vida do trabalhador está implícita no objetivo declarado.

>> Legislação

O item 5.2 da NR 5 estabelece que todas as empresas que possuem empregados devem instalar CIPAs. O item 5.3 especifica que as empresas contratadas por outras empresas para prestarem serviços também precisam possuir CIPAs e seguir as normas de segurança da atividade desenvolvida. A NR 5 ainda diz, em seu item 5.5, que as empresas instaladas em centros comerciais e industriais têm de indicar membros de suas CIPAs para trabalharem e desenvolverem ações de prevenção de acidentes e doenças decorrentes do ambiente e de instalações de uso coletivo, podendo contar com a participação da administração desses centros (BRASIL, 1978a).

Os textos desses itens deixam claro que a responsabilidade e o poder da CIPA em alguns casos e situações extrapolam os limites da empresa e que o bem maior é a segurança e saúde da totalidade dos trabalhadores, incluindo os momentos em que eles se encontram em ambientes de uso comum a trabalhadores de outras empresas.

>> Organização da CIPA

A CIPA é composta por representantes indicados pelo empregador (titulares e suplentes) e por representantes dos empregados (titulares e suplentes), de acordo com o dimensionamento previsto no Quadro I da NR 5 (itens 5.6. e 5.6.1). Os representantes dos empregados que desejam participar da CIPA (titulares e suplentes), independentemente de serem filiados a algum sindicato, concorrem e são eleitos em votação secreta (item 5.6.2).

Os candidatos eleitos para participarem da CIPA terão um mandato com duração de um ano, sendo permitida uma reeleição (item 5.7). Os membros eleitos da CIPA não podem ser demitidos sem justa causa "desde o registro de sua candidatura até um ano após o final de seu mandato" (item 5.8).

Para determinar quem é titular e quem é suplente, é considerado o resultado da eleição em ordem decrescente de votos recebidos, devendo ser observado o dimensionamento previsto no Quadro I da NR 5 (item 5.6.3). De acordo com o item 5.6.4, quando o estabelecimento não se enquadra no Quadro I, a empresa deverá designar um responsável pelo cumprimento dos objetivos da NR, podendo ser adotados mecanismos de participação dos empregados por meio de negociação coletiva.

O empregador designará entre seus representantes o presidente da CIPA, e os representantes dos empregados escolherão, entre os titulares, o vice-presidente. O número de membros obedece ao dimensionamento previsto no Quadro I na NR 5 (item 5.11). O secretário da CIPA e seu substituto serão indicados de comum acordo entre os membros, mas, se não fizerem parte da comissão, será necessário obter a concordância do empregador (item 5.13).

Os membros indicados pelo empregador precisam ter apoio necessário e tempo suficiente para realizarem as tarefas constantes do plano de trabalho registrado no Ministério do Trabalho e Emprego e para discutirem as questões de segurança e encaminharem as soluções de problemas de segurança e saúde no trabalho analisadas na CIPA (item 5.10).

> **>> IMPORTANTE**
> Os membros da CIPA possuem garantias para desenvolverem suas atividades normais na empresa, "[...] sendo vedada a transferência para outro estabelecimento sem a sua anuência, ressalvado o disposto nos parágrafos primeiro e segundo do Artigo 469 da CLT" (BRASIL, 1978a) (item 5.9).

Os membros da CIPA eleitos e designados serão empossados no primeiro dia útil após o término do mandato anterior (item 5.12), e o número de representantes não pode ser reduzido. A CIPA não pode ser "desativada pelo empregador antes do término do mandato de seus membros, ainda que haja redução do número de empregados da empresa, exceto no caso de encerramento das atividades do estabelecimento" (item 5.15).

O processo eleitoral da CIPA gera alguns documentos obrigatórios (atas de eleição e de posse, calendário anual das reuniões ordinárias) que precisam ficar no estabelecimento à disposição da fiscalização do MTE (item 5.14). "Sempre que solicitada, essa documentação deve ser encaminhada ao sindicato dos trabalhadores da categoria." (item 5.14.1) (BRASIL, 1978a). Cópias das atas de eleição e posse têm de ser fornecidas aos membros titulares e suplentes da CIPA, mediante recibo (item 5.14.2).

» Processo eleitoral

A eleição dos representantes dos trabalhadores é feita mediante um processo eleitoral convocado pelo empregador até 60 dias antes do final do mandato da CIPA eleita no exercício anterior (item 5.3.8).

O processo eleitoral deve ser convocado por meio de publicação do **edital da eleição** em local de fácil acesso a todos os trabalhadores, como mural de avisos, jornal interno, *site* da empresa e outros meios, no mínimo 45 dias antes do término do mandato dos atuais membros (Item 5.40 a). Uma cópia do edital também deve ser enviada pelo empregador à CIPA em duas vias, sendo que a segunda tem de ser protocolada com a data de recebimento para comprovar que a empresa cumpriu o estabelecido na NR 5.

Uma cópia do edital de convocação deve ser enviada ao sindicato em até 5 dias após sua publicação (item 5.38.1). A **comunicação ao sindicato** da categoria profissional deve ser feita por correspondência em duas vias e protocolada na segunda via com a data de recebimento.

Recebida a convocação, o presidente e o vice-presidente da CIPA em mandato vão constituir a **comissão eleitoral**, formada por membros em mandato para organizar a próxima eleição em prazo não inferior a 55 dias do término do mandato. Esses membros serão os responsáveis pela organização e pelo acompanhamento do processo eleitoral (item 5.39). Nos estabelecimentos em que não houver CIPA, a comissão eleitoral será constituída pela empresa (item 5.39.1).

O prazo para a candidatura individual deve ser de, no mínimo, 15 dias antes da data marcada para a eleição (item 5.40 b), e é garantida a liberdade de inscrição para todos os empregados do estabelecimento, independentemente de setores ou locais de trabalho, com fornecimento de **comprovante de inscrição** (item 5.40, alínea c). Todos os inscritos possuem garantia de emprego até a eleição (item 5.40, alínea "d"), sendo que o término do prazo a candidatura termina 6 dias antes da data marcada para a eleição.

O edital de inscrições deve ser retirado no dia seguinte ao encerramento das inscrições e substituído pelo Edital de convocação para eleição da CIPA que vai prever a eleição para "[...] um prazo mínimo de 30 dias antes do término do mandato da CIPA em curso." (item 5.40, alínea "e") (BRASIL, 1978a).

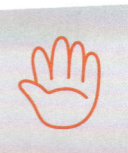

» **ATENÇÃO**
Os protocolos com assinatura e datas de recebimento são documentos que dão garantia ao empregador do cumprimento de suas obrigações e evitam que a empresa seja autuada por fiscais do MTE.

» **NO SITE**
No ambiente virtual de aprendizagem Tekne você encontra diversos modelos de formulários relacionados ao processo eleitoral de membros da CIPA.

O edital de convocação é retirado no dia da eleição, que ocorre "[...] em dia normal de trabalho, respeitando os horários de turnos e em horário que possibilite a participação da maioria dos empregados." (item 5.40, alínea "f") (BRASIL, 1978a). A votação também pode ser realizada por meio eletrônico (item 5.40, alínea "i") caso existam condições tecnológicas e seja uma opção adotada pela CIPA e pela empresa.

A apuração dos votos acontece no mesmo dia da eleição, "[...] em horário normal de trabalho, com acompanhamento de representante do empregador e dos empregados, em número a ser definido pela comissão eleitoral." (item 5.40) (BRASIL, 1978a). O resultado é divulgado um dia após a eleição, quando será lavrada a respectiva ata.

Serão considerados eleitos como membros titulares e suplentes os candidatos mais votados (item 5.43), sendo que, em caso de empate, assumirá aquele que tiver maior tempo de serviço no estabelecimento (item 5.44). Mesmo não tendo sido eleitos, os candidatos que participaram e receberam votos "[...] serão relacionados na ata de eleição e apuração, em ordem decrescente de votos, possibilitando nomeação posterior, em caso de vacância de suplentes." (item 5.45) (BRASIL, 1978a).

Em um processo eleitoral podem existir dúvidas quanto à existência de irregularidades, que, nesse caso, devem ser denunciadas até 30 dias após a data da posse dos novos membros da CIPA por meio de protocolo em uma unidade descentralizada do MTE (item 5.42). A unidade descentralizada do MTE realizará as verificações necessárias e, se confirmadas irregularidades no processo eleitoral, será determinada a correção da irregularidade ou anulada a eleição (item 5.42.1), o que irá provocar a convocação de uma nova eleição no prazo de 5 dias após ciência do empregador, com garantia de participação aos que estavam inscritos anteriormente (item 5.42.2). "Quando a anulação se der antes da posse dos membros da CIPA, ficará assegurada a prorrogação do mandato anterior, quando houver, até a complementação do processo eleitoral." (item 5.42.3) (BRASIL, 1978a).

Apesar de não constituir um procedimento, é usual comunicar ao sindicato da categoria o resultado da eleição e informar a data da posse em até 15 dias após a eleição. Toda a documentação referente à eleição da CIPA deve ser guardada pelo empregador por um prazo mínimo de 5 anos (item 5.40, alínea "j").

>> **IMPORTANTE**
Havendo participação inferior a 50% dos empregados na votação, não haverá a apuração dos votos, e a comissão eleitoral organizará outra votação que ocorrerá no prazo máximo de 10 dias (item 5.41).

>> Instalação e posse da CIPA

A posse dos membros eleitos e designados para a CIPA acontece no primeiro dia útil após o término do mandato anterior, e a empresa deve protocolar, em até 10 dias, na unidade descentralizada do Ministério do Trabalho e Emprego (MTE), as cópias das atas de eleição e de posse e o calendário anual das reuniões ordinárias. Depois de protocolada, a CIPA não poderá ter seu número de representantes reduzido, tampouco ser desativada pelo empregador antes do término do mandato de seus membros, ainda que haja redução do número de empregados da empresa, exceto no caso de encerramento das atividades do estabelecimento.

>> **NO SITE**
Você encontra um modelo de ata de instalação e posse da CIPA no ambiente virtual de aprendizagem Tekne.

>> Treinamento para os membros da CIPA

Após a apuração da eleição e antes da posse dos membros eleitos, a empresa precisa oferecer treinamento para todos os membros da CIPA (titulares e suplentes) (item 5.32). Este item refere-se especificamente ao caso de os membros da CIPA serem reeleitos, pois a NR 5, em seu item 5.32.1, diz que "O treinamento de CIPA em primeiro mandato será realizado no prazo máximo de 30 dias, contados a partir da data da posse." (BRASIL, 1978a).

> **IMPORTANTE**
> Todo treinamento precisa oferecer novas formas de apresentação do conhecimento. Portanto, é aconselhável que o treinamento da CIPA seja ministrado por entidades e profissionais que não façam parte da empresa, para que novas visões sobre o tema sejam agregadas.

A NR 5 deixa aberto espaço para as empresas que não se enquadram nas determinações do Quadro I – Dimensionamento da CIPA promoverem treinamento ao membro designado pela empresa uma vez por ano (item 5.32.2). Isso mostra a importância do treinamento para qualquer empresa, independentemente de seu tamanho.

O treinamento deve ser realizado durante o horário de expediente da empresa e ter carga horária de 20 horas, a serem divididas em, no máximo, 8 horas diárias (item 5.34). "O treinamento pode ser ministrado pelo SESMT da empresa, entidade patronal, entidade de trabalhadores ou por profissional que possua conhecimentos sobre os temas ministrados." (item 5.35) (BRASIL, 1978a).

O curso para membros da CIPA será aprovado pelos membros em reunião, e a decisão constará na ata, mas a escolha de quem ministrará o curso é feita pela empresa (Item 5.36). Caso o curso não seja ministrado de acordo com o estipulado, o MTE "[...] determinará a complementação ou a realização de outro, que será efetuado no prazo máximo de 30 dias contados da data de ciência da empresa sobre a decisão." (item 5.37) (BRASIL, 1978a).

O conteúdo programático do treinamento com 20 horas-aula para os membros da CIPA é determinado pelo item 5.33 da NR 5, alíneas "a" a "g". Pelo fato de o conteúdo ser determinado pela NR, não cabem observações ou comentários.

Mesmo não estando previsto na legislação, algumas empresas promovem cursos adicionais aos membros da CIPA, como:

- introdução à segurança do trabalho;
- primeiros socorros;
- inspeção de segurança;
- equipamentos de proteção individual (EPIs) e coletiva (EPCs);
- investigação e análise de acidentes;
- princípios básicos da prevenção de incêndio;
- campanhas de segurança.

» Atribuições da CIPA

Segundo o item 5.16 da NR 5, a CIPA possui 15 atribuições, listadas de "a" a "p". Como todas são importantes, a seguir são apresentados comentários sobre cada uma delas, além de sugestões sobre como cumpri-las.

a) **Identificar os riscos do processo de trabalho e elaborar o mapa de riscos com a participação do maior número de trabalhadores, com assessoria do SESMT, onde houver.**
A elaboração do mapa de risco das áreas é a ação principal. Não cabe à CIPA fazer avaliações quantitativas para a identificação dos riscos, pois essa atribuição é do SESMT ou do responsável pelo PPRA. O mapa de riscos é um documento que qualifica os riscos existentes no local de trabalho.

b) **Elaborar plano de trabalho que possibilite a ação preventiva na solução de problemas de segurança e saúde no trabalho.** Elaborar um plano de trabalho é um quesito obrigatório segundo a NR 5, item 5.16, alíneas "b" e "e". Ele é um instrumento de gestão das atividades planejadas e serve para medir o desempenho do planejamento estabelecido pela CIPA, pois permite acompanhar os resultados obtidos (Quadros 2.2 e 2.3). O plano de trabalho pode ser feito na ata de reunião da CIPA, não sendo necessário estar em um documento separado.

>> **PARA SABER MAIS**
Para mais informações sobre gerenciamento de riscos, leia o Capítulo 7 deste livro.

Quadro 2.2 » Principais aspectos do plano de trabalho da CIPA

Planejamento	Estabelece o que o grupo de trabalho vai realizar no futuro, baseando-se nas necessidades e deficiências da organização, respeitando a política e os regulamentos da empresa.
Organização	Define objetivos claros e atribui tarefas e responsabilidades a cada um dos membros da CIPA.
Controle	Direciona as ações evitando desvios do que foi estabelecido no plano de trabalho.
Avaliação	Confere os resultados obtidos, corrige as distorções, elimina as falhas e ajusta o planejamento.

Quadro 2.3 » Elementos essenciais do plano de trabalho

Ação	Responde às perguntas: O que será feito? e Quais são as ações? Descreve-se neste campo a atividade a ser desenvolvida pelo responsável pela execução das ações de prevenção e antecipação indicadas.
Objetivo	Responde à pergunta: Por quê? Descreve-se o objetivo da ação e o resultado esperado com ela.
Local	Responde à pergunta: Onde? Descreve-se o local em que será realizado o trabalho e quais mudanças precisam ser feitas, melhorias, ajustes e outras necessidades.
Estratégia de ação	Responde à pergunta: Como? São feitas explicações de como se pretende chegar ao resultado esperado e quais etapas deverão ser cumpridas.
Data de início	Responde à pergunta: Quando? Informa a data de início dos trabalhos.
Data de término	Responde à pergunta: Quando? Informa a data em que os trabalhos serão concluídos.
Responsável	Responde à pergunta: Quem? Indica o responsável pelo cumprimento de determinada ação.

>> **NO SITE**
No ambiente virtual de aprendizagem Tekne você encontra um modelo de formulário para o plano de trabalho da CIPA.

c) **Participar da implementação e do controle da qualidade das medidas de prevenção necessárias, bem como da avaliação das prioridades de ação nos locais de trabalho.** Todas as recomendações sobre a segurança do trabalho feitas pelos membros da CIPA e pelos trabalhadores são analisadas e confirmadas quanto à necessidade de implantar medidas de prevenção. O resultado das análises é encaminhado à empresa para que as medidas sejam postas em prática. A CIPA então indica um de seus membros que conheça a realidade do trabalho para acompanhar a implantação da solução encontrada, participando e observando se os procedimentos adotados atendem às necessidades de prevenção.

d) **Realizar periodicamente a verificação dos ambientes e das condições de trabalho visando à identificação de situações que possam trazer riscos para a segurança e a saúde dos trabalhadores.** A CIPA atribui a seus membros a responsabilidade pela realização dessas verificações, de acordo com um calendário estabelecido em uma de suas reuniões. As verificações podem ser feitas por meio de uma *checklist* desenvolvida para cada setor da empresa considerando os pontos indicados no mapa de riscos elaborado.

e) **Realizar, a cada reunião, a avaliação do cumprimento das metas fixadas em seu plano de trabalho e discutir as situações de risco identificadas.** Em uma das etapas da reunião é feita a avaliação do cumprimento do plano de trabalho e são cobrados do responsável a execução e o andamento da tarefa. As novas situações de riscos devem ser discutidas e tratadas de acordo com o item "c".

f) **Divulgar aos trabalhadores informações relativas à segurança e à saúde no trabalho.** A divulgação de informações pode ser feita por meio da comunicação falada ou escrita. Tanto uma como a outra possuem limitações, mas a informação escrita pode ser afixada em um quadro, disponibilizada no *site* da empresa ou distribuída no jornal interno da empresa, ou seja, estará disponível para ser lida pelo funcionário da empresa no momento em que ele se dispuser a isso.

> **» IMPORTANTE**
> Despertar o interesse do trabalhador em relação às questões de segurança e saúde no trabalho é uma das formas mais eficientes de prevenção.

g) **Participar, com o SESMT, quando houver, das discussões promovidas pelo empregador para avaliar os impactos de alterações no ambiente e no processo de trabalho relacionadas à segurança e à saúde dos trabalhadores.** A CIPA indicará um de seus membros para manter contato frequente com a equipe do SESMT, a fim de manter-se atualizada sobre as observações e os relatórios emitidos pelos profissionais que o compõem. A evolução tecnológica pode trazer novos riscos, uma vez que a modernização dos processos produtivos cria novos padrões de adoecimento devido aos novos padrões de trabalho. A CIPA deve estar envolvida em todas as campanhas do SESMT e participar ativamente da divulgação e realização dessas campanhas.

h) **Requerer ao SESMT, quando houver, ou ao empregador, a paralisação de máquina ou setor em que considere haver risco grave e iminente à segurança e à saúde dos trabalhadores.** O SESMT é composto por especialistas, sendo, portanto, capaz de avaliar a necessidade de paralisação de um setor ou de toda a empresa se forem constatados riscos à segurança e à saúde do trabalhador. Mesmo que a CIPA identifique o problema e aponte o fato, cabe ao SESMT a solicitação de providências à empresa por meio de pareceres emitidos por seus especialistas. A paralisação do trabalho está prevista na Convenção 155 da Organização Internacional do Trabalho (OIT – ORGANIZAÇÃO INTERNACIONAL DO TRABALHO, 1981) e na NR 9, da Portaria nº 3.214/78 (BRASIL, 1978a).

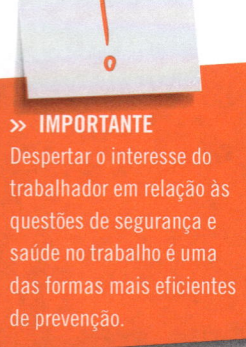

Art. 13 – Em conformidade com a prática e as condições nacionais, deverá ser protegido, de consequências injustificadas, todo trabalhador que julgar necessário interromper uma situação de trabalho por considerar, por motivos razoáveis, que ela envolve um perigo iminente e grave para sua vida ou sua saúde. (ORGANIZAÇÃO INTERNACIONAL DO TRABALHO, 1981).

9.6.3 – O empregador deverá garantir que, na ocorrência de riscos ambientais nos locais de trabalho que coloquem em situação de grave e iminente risco um ou mais trabalhadores, os mesmos possam interromper de imediato suas atividades, comunicando o fato ao superior hierárquico direto para as devidas providências (BRASIL, 1978a).

i) **Colaborar no desenvolvimento e na implementação do PCMSO, do PPRA e de outros programas relacionados à segurança e saúde no trabalho.** Em geral, o SESMT é o responsável pela implementação desses programas, sendo que a CIPA deve prever em seu plano de trabalho o fornecimento das informações coletadas por seus membros e trabalhadores aos responsáveis pela elaboração do PCMSO e do PPRA com o objetivo de tornar esses programas mais eficientes.

j) **Divulgar e promover o cumprimento das normas regulamentadoras, bem como de cláusulas de acordos e convenções coletivas de trabalho relativas à segurança e à saúde no trabalho.** A CIPA deve divulgar toda e qualquer informação pertinente à segurança do trabalho nos moldes do item "f".

K) **Participar, em conjunto com o SESMT, quando houver, ou com o empregador, da análise das causas de doenças e acidentes de trabalho e propor medidas de solução dos problemas identificados.** As soluções aos problemas identificados são encontradas com a realização de reuniões com a presença do empregador, da CIPA e do SESMT. Essas reuniões podem ser agendadas mediante ocorrências ou fazer parte de um calendário estabelecido para essa finalidade.

l) **Requisitar ao empregador e analisar as informações sobre questões que tenham interferido na segurança e na saúde dos trabalhadores.** Sempre que necessário, a CIPA deve agir em prol da segurança. Contudo, antes de qualquer atuação, é recomendável adotar os procedimentos apresentados nos itens "c" e "k".

m) **Requisitar à empresa as cópias das Comunicações de Acidente de Trabalho (CATs) emitidas.** A legislação sobre a CAT é objeto da Lei nº 8.213, de 24 de julho de 1991 (BRASIL, 1991a), que dispõe sobre os planos de benefícios da Previdência Social e dá outras providências. A CAT é emitida em quatro vias, sendo uma para a empresa, uma para o INSS, uma para o empregado acidentado e outra para o sindicato que o representa. As empresas em geral, mesmo não sendo obrigadas por lei, enviam à CIPA uma cópia das CATs assim que são emitidas. Caso isso não ocorra, deve-se solicitar uma cópia do documento e em reunião discutir a ocorrência e buscar soluções que evitem novas ocorrências.

n) **Promover, anualmente, em conjunto com o SESMT, quando houver, a Semana Interna de Prevenção de Acidentes do Trabalho (SIPAT).** Uma das atribuições da CIPA é promover anualmente a SIPAT, que deve tratar do macrotema Saúde e Segurança do Trabalho (Quadro 2.4) e contar com a participação de todas as pessoas da empresa, de todos os cargos e atividades e de membros das famílias dos funcionários, caso a empresa concorde. A melhor maneira

>> **PARA SABER MAIS**
Para mais informações sobre acidentes de trabalho, leia o Capítulo 8 deste livro.

>> **NO SITE**
Um modelo de formulário do CAT está disponível no ambiente virtual de aprendizagem Tekne.

de incentivar os funcionários da empresa a participarem da SIPAT é torná-los responsáveis por ela mediante a coleta de opiniões sobre o que deve ser feito e a colaboração na execução de atividades de preparação (Quadro 2.5).

Quadro 2.4 » Objetivos da SIPAT

- Orientar e conscientizar os funcionários da empresa sobre a importância da prevenção de acidentes e doenças no ambiente de trabalho.
- Proporcionar a oportunidade para que os funcionários da empresa resgatem valores já conhecidos, mas esquecidos pelo passar do tempo.
- Criar nova consciência sobre a segurança no trabalho, saúde e qualidade de vida.

Quadro 2.5 » Sugestões de atividades a serem desenvolvidas durante a SIPAT que podem ser disponibilizadas para escolha dos funcionários

- Palestras ou conferências
- Sorteio de brindes que abordam o tema prevenção de acidentes
- Concurso de frases e cartazes
- Atividades recreativas
- Projeção de filmes ou *slides* sobre prevenção de acidentes
- Laboratório de prevenção de acidentes
- Concursos de redação de filhos de funcionários sobre temas ligados à segurança do trabalho
- Concurso de fotos
- Visita de familiares à empresa
- Peças teatrais
- Gincana
- Concurso de músicas com temas relacionados à prevenção de acidentes

» DICA

O sucesso da SIPAT depende do planejamento feito pela CIPA e da motivação incutida nos funcionários. Os funcionários participam da SIPAT quando as atividades interessam a eles e a empresa se dispõe a realizá-las.

o) **Participar anualmente, em conjunto com a empresa, de campanhas de prevenção da AIDS.** A AIDS é uma grande preocupação do governo e das empresas. Por isso, a obrigatoriedade de a CIPA participar das campanhas de prevenção foi instituída por meio da Portaria Interministerial nº 3.195, de 10 de agosto de 1988 (BRASIL, 198a), a qual determina inclusive as atividades que devem ser desenvolvidas nessas campanhas.

>> Atribuições dos empregados

Como a CIPA trabalha pela segurança dos empregados, cabem a eles as seguintes atribuições, segundo o item 5.18:

a) **Participar da eleição de seus representantes.** A eleição da CIPA é uma forma de participação democrática dos empregados na escolha dos representantes que trabalharão em prol da segurança do trabalho de todos. Sem a participação dos empregados, a CIPA não pode ser instalada (item 5.41).

b) **Colaborar com a gestão da CIPA.** A CIPA é formada por empregados eleitos e indicados que possuem boa vontade em participar das atividades de prevenção de acidentes e colaborar com a segurança do trabalho de todos. Para que suas atividades sejam desempenhadas da melhor maneira possível, é necessário que os empregados colaborem com iniciativas e apoio aos programas e recomendações da comissão.

c) **Indicar à CIPA, ao SESMT e ao empregador situações de riscos e apresentar sugestões para a melhoria das condições de trabalho.** Não é possível que os membros da CIPA estejam presentes o tempo todo em todas as áreas da empresa, portanto, os empregados têm de estar atentos aos riscos e comunicar à CIPA e ao SESMT as situações observadas no intuito de promover melhorias na segurança do trabalho.

d) **Observar e aplicar no ambiente de trabalho as recomendações quanto à prevenção de acidentes e doenças decorrentes do trabalho.** Os membros da CIPA devem ter comportamento exemplar com relação à segurança do trabalho, uma vez que são exemplos para todos os demais funcionários da empresa. Suas práticas diárias são observadas, analisadas e questionadas, pois eles exercem liderança entre os trabalhadores.

>> Atribuições do presidente, do vice-presidente e do secretário da CIPA

De acordo com o tópico 5.19 (alíneas "a" a "e") da NR 5, o presidente da CIPA tem cinco atribuições exclusivas, e o vice-presidente, duas. Além disso, o tópico 5.21 (alíneas "a" a "g") estabelece sete atribuições conjuntas do presidente e do vice-presidente, e o tópico 5.22 (alíneas "a" a "c") trata das três atribuições do secretário da CIPA. Por estarem expressas de uma forma bastante clara, não emitiremos comentários sobre essas atribuições, bastando ao leitor lê-las no texto da NR.

>> **NO SITE**
Você encontra diversos modelos e formulários para a organização da SIPAT no ambiente virtual de aprendizagem Tekne.

>> **NO SITE**
O texto da Portaria Interministerial nº 3.195, de 10 de agosto de 1988, está disponível no ambiente virtual de aprendizagem Tekne.

» Funcionamento da CIPA

As reuniões da CIPA acontecem mensalmente nas datas indicadas pela empresa que foram entregues ao MTE logo após a posse dos membros. Nessas reuniões, os membros apresentam e discutem assuntos pertinentes à segurança do trabalho e expõem suas sugestões para solucionar os problemas identificados.

Para que as reuniões da CIPA sejam produtivas, é necessária uma pauta contendo os assuntos a serem tratados. Existem dois tipos de reunião promovidos pela CIPA: as reuniões ordinárias e as reuniões extraordinárias.

As **reuniões ordinárias** acontecem mensalmente, de acordo com o calendário preestabelecido no horário de expediente da empresa (itens 5.23 e 5.24). Elas sempre iniciam com o que foi tratado na reunião anterior: e, para isso, há a leitura da ata e são feitos ajustes caso algum membro se manifeste, pois "as decisões da CIPA serão preferencialmente por consenso" (item 5.28, 5.28.1, 5.29 e 5.29.1). Em seguida, faz-se a leitura da pauta da reunião, identificam-se as prioridades, discutem-se os temas pautados e ouvem-se as sugestões de melhorias apresentadas pelos elementos participantes.

O encerramento da reunião ordinária sempre é feito com a elaboração de uma ata assinada pelos representantes, que receberão uma cópia posteriormente (item 5.25). Essas atas devem permanecer na empresa e estar à disposição da fiscalização do MTE (item 5.26). Também será informada aos membros a data em que será realizada a próxima reunião ordinária.

As **reuniões extraordinárias** devem ser realizadas quando houver denúncia de situação de risco grave e iminente que determine a aplicação de medidas corretivas de emergência, quando ocorrer acidente de trabalho grave ou fatal ou quando for solicitada pelos membros (item 5.27, alíneas "a" a "c").

> **» ATENÇÃO**
> A falta injustificada para mais de quatro reuniões ordinárias é motivo para perda de mandato (item 5.30). Todos os aspectos pertinentes à vacância do cargo e providencias estão descritos nos itens 5.31, 5.31.1, 5.31.2, 5.31.3, 5.31.3.1 e 5.31.2.2 da NR 5.

» Contratantes e contratadas

A NR 5 estabelece que um ambiente de trabalho comum, frequentado por trabalhadores de diversas empresas que atendam a um mesmo contrato, deve ser regido pelas mesmas leis e exigências. Essa norma também deixa claro que a empresa, ao prestar serviços ou produzir em locais descentralizados, têm de seguir as regras de segurança aplicáveis aos locais em que as atividades são exercidas (tens 5.46, 5.47, 5.48, 5.49 e 5.50) (BRASIL, 1978a).

A CIPA tem contribuído muito para a segurança do trabalhador por meio de sua atuação preventiva e denunciante das situações de risco a que o trabalhador está exposto em suas atividades profissionais. A CIPA é um dos bons exemplos de resultados obtidos com a aplicação correta e fiscalizada da legislação trabalhista, e sua eficiência é reconhecida por todos.

> **» ASSISTA AO FILME**
> Acesse o ambiente virtual de aprendizagem Tekne para assistir a um vídeo sobre e o que é a CIPA e como ela pode ser formada.

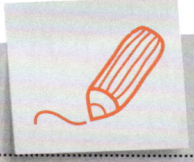

>> Agora é a sua vez!

Faça uma dramatização (jogo de papéis ou *role playing*) sobre a eleição e o funcionamento de uma CIPA com o objetivo de vivenciar todo o processo.

1. O roteiro e os passos a serem seguidos são os apresentados no texto.
2. Os documentos necessários podem seguir os modelos apresentados.
3. Os participantes devem ser escolhidos entre os alunos da turma, determinando-se o papel de cada um com base no texto.
4. Os trabalhadores que elegem a CIPA são os demais alunos da turma e de outras turmas convidadas.

Orientações sobre como montar a dramatização estão disponíveis no ambiente virtual de aprendizagem Tekne.

>> Programa de Controle Médico de Saúde Ocupacional

O Programa de Controle Médico de Saúde Ocupacional (PCMSO) teve suas origens na Convenção n° 161/85 da OIT, que estabeleceu a obrigatoriedade de sua elaboração e implementação pelas empresas (ORGANIZAÇÃO INTERNACIONAL DO TRABALHO, 1985).

Partindo da obrigatoriedade ditada pela OIT, órgão do qual o Brasil é signatário, o PCMSO foi criado por meio da Portaria GM n° 3.214, de 8 de junho de 1978 (BRASIL, 1978a), do Ministério do Trabalho, e é regido pela NR 7 da Secretaria de Segurança e Saúde do Trabalho do Ministério do Trabalho. O principal objetivo desse programa é a promoção e a preservação da saúde do trabalhador por meio da execução e do acompanhamento dos resultados dos exames médicos obrigatórios de acordo com as atividades desenvolvidas na empresa.

> **>> PARA SABER MAIS**
> Acesse o ambiente virtual de aprendizagem Tekne para ler na íntegra a Convenção n° 161/85 da OIT.

> **>> DICA**
> Por ter sido publicada há alguns anos, a NR 7 sofreu algumas alterações em seu texto original. Para entender melhor o tema, é aconselhável acessar o texto dessa NR publicado no *site* do Governo Federal, a Nota Técnica da Secretaria de Segurança e Saúde no Trabalho, de 1º de outubro de 1996, e as portarias que promoveram as alterações.

> **NO SITE**
> Acesse o ambiente virtual de aprendizagem Tekne para ter acesso ao texto atualizado da NR 7.

O texto vigente da NR 7 foi dado pela Portaria SSST nº 24, de 29 de dezembro de 1994 (BRASIL, 1994a), e os assuntos abordados nessa NR estão separados por títulos, que passamos a analisar de uma forma didática a seguir.

» Objeto do PCMSO

Conforme o item 7.1, todas as empresas que possuem empregados são obrigadas a elaborar e implantar o PCMSO com o objetivo de promover e preservar a saúde dos seus trabalhadores (subitem 7.1.1) dentro dos parâmetros estabelecidos (subitem 7.1.2) e de acordo com os riscos existentes nos locais em que os serviços estão sendo realizados (subitem 7.13).

» Diretrizes do PCMSO

De acordo com o item 7.2, para que o PCMSO seja bem realizado, devem ser utilizados todos os aspectos pertinentes à saúde do trabalhador dispostos em todas as demais 34 NRs (subitens 7.2.1 e 7.2.4). No programa, são considerados todos os aspectos da saúde do trabalhador, incluindo seu histórico de saúde anterior (subitens 7.2.2 e 7.2.3.).

» Responsabilidades do PCMSO

O item 7.3 divide-se em três partes. O subitem 7.3.1 define o que compete ao empregador nas alíneas "a" a "e". Nos subitens 7.3.1, 7.3.1.1, 7.3.1.2 e 7.3.1.3, estão definidas condições em que o PCMSO pode ser desobrigado e ressalvas. O subitem 7.3.2 define o que compete ao médico coordenador do PCMSO nas alíneas "a" e "b". Todos esses subitens são bastante claros e não necessitam esclarecimentos.

» Desenvolvimento do PCMSO

O item 3.4 define que, pelo fato de o PCMSO ter uma natureza médica, deve-se tratar a saúde do trabalhador pela identificação da existência de doenças, por meio de exames médicos e laboratoriais (subitem 7.4.1) previstos no subitem 7.4.2, alíneas "a" e "b". A realização de exames clínicos e complementares e a periodicidade de realização dependem do tipo de risco (subitens 7.4.2.1, 7.4.2.2 e 7.4.2.3).

A avaliação clínica e os exames médicos obrigatórios devem ser realizados nas condições e nos prazos descritos a seguir (subitens 7.4.1 e 7.4.2, alínea "a").

Exame admissional: Sua finalidade é proporcionar aos empregadores a contratação de funcionários em estado de saúde física e psíquica adequado ao exercício da função a qual se candidataram, reduzir o absenteísmo por motivos de doenças e oferecer ao candidato ao emprego informações sobre seu estado real de saúde e garantias de que ele está apto para trabalhar na função e participar do ambiente coletivo da empresa. Também serve para cumprir as determinações legais perante a autoridade fiscalizadora do MTE. O exame médico admissional é sempre realizado na contratação do empregado (subitem 7.4.3.1).

Exame admissional de menores: É o mesmo exame realizado no trabalhador adulto, considerando as recomendações da CLT no Capítulo IV, Artigos 402, 404 e 405 (BRASIL, 1943).

Exame admissional em funcionários especiais: Funcionários considerados especiais são os candidatos portadores de alguma deficiência física ou psíquica não incapacitante. A deficiência pode ser natural ou decorrente de algum acidente que limitou sua capacidade. As empresas são obrigadas a ter em seus quadros funcionais o número de funcionários com deficiência previsto no Artigo 217 da CLT (BRASIL, 1943).

Exame admissional da mulher: Ao ser encaminhada para os exames admissionais, a mulher passará pelos exames necessários ao exercício da função a que se candidata e pela análise e avaliação ginecológica e obstétrica, que integrarão seu prontuário médico após a sua contratação. Também podem ser solicitados, desde que previstos no PCMSO, exames complementares constantes nos anexos da NR 7 (BRASIL, 1978) e outros exames de patologia clínica a critério da empresa, como hemograma, exame parasitológico de fezes, exame qualitativo de urina, colesterol/triglicerídeos e radiografia de tórax.

Exame periódico: Tem por objetivo verificar se o trabalhador permanece em bom estado de saúde para exercer as atividades para as quais foi contratado ou apresenta alterações que requeiram providências médicas e por parte da empresa. Esses exames devem ser realizados de acordo com cada tipo de atividade e risco existente, conforme o subitem 7.4.3.2, alíneas "a" e "b".

Exame de retorno ao trabalho: Conforme o subitem 7.4.3.3, deve ser realizado obrigatoriamente no primeiro dia da volta ao trabalho de trabalhador ausente por período igual ou superior a 30 dias por motivo de doença ou acidente, de natureza ocupacional ou não, ou parto.

Exame de mudança de função: Deve ser realizado obrigatoriamente antes da data da mudança (subitem 7.4.3.4), sempre que o colaborador for transferido de função ou setor, desde que haja alteração nos riscos ocupacionais a que ele se expõe (subitem 7.4.3.4.1).

Exame demissional: Realizado obrigatoriamente de acordo com o previsto nos subitens 7.4.3.5, 7.4.3.5.1, 7.4.3.5.2 e 7.4.3.5.3. O exame demissional é uma garantia para o trabalhador, que precisa estar apto a exercer suas atividades em outras empresas, e para o empregador, que fica ciente das condições de saúde em que se encontra o ex-funcionário, evitando dessa forma futuros problemas com reclamações trabalhistas e ações indenizatórias.

Todo exame realizado pelo médico do trabalho deve ser acompanhado do **atestado de saúde ocupacional** (ASO), de acordo com o previsto nos subitens 7.4.4, 7.4.4.1 e 7.4.4.2, contendo as informações listadas no subitem 7.4.4.3, alíneas "a" a "g". Por meio da cópia do ASO que fica em poder da empresa, as informações são registradas no prontuário médico do funcionário em poder do médico-coordenador do PCMSO (subitem 7.4.5). Os dados devem ser mantidos por um período mínimo de 20 anos após o desligamento do trabalhador (subitem 7.4.5.1), independentemente de qual seja o médico do trabalho (subitem 7.4.5.2), pois este é o prazo de prescrição das ações pessoais conforme o Artigo nº 177 do Código Civil Brasileiro (BRASIL, 2002b). Além disso, é importante ter a história profissional do servidor, que pode inclusive ser usada para estudos epidemiológicos futuros.

> **» IMPORTANTE**
> O exame admissional não tem a finalidade de selecionar candidatos mais saudáveis e excluir os menos saudáveis, mas sim verificar se o candidato pode ou não executar as tarefas para as quais está sendo contratado.

> **» PARA SABER MAIS**
> Acesse o ambiente virtual de aprendizagem Tekne para ter acesso a artigos da CLT comentados.

O PCMSO contém um planejamento em que estão previstas as ações de saúde a serem executadas durante o ano, as quais são objeto de um relatório anual (subitem 7.4.6). Anualmente o médico do trabalho responsável pelo PCMSO vai emitir um relatório discriminado por setores da empresa, com o número e a natureza dos exames médicos, incluindo avaliações clínicas e exames complementares, estatísticas de resultados considerados anormais, assim como o planejamento para o próximo ano, tomando como base o modelo proposto no Quadro III da NR 7 (subitem 7.4.6.1) (BRASIL, 1978a).

A CIPA deve receber uma cópia do relatório anual para discussão e análise, sendo a cópia anexada à ata da reunião que tratou do tema (item 7.4.6.2 e item pertinente tratado na NR 5). Outras situações indicadas no relatório anual serão tratadas de acordo com o indicado nos subitens 7.4.6.3, 7.4.6.4, 7.4.7 e 7.4.8 (BRASIL, 1978a).

> **NO SITE**
> No ambiente virtual de aprendizagem Tekne você encontra um modelo do atestado de saúde ocupacional e de outros documentos do PCMSO.

» DICA

Quando a empresa já possui o PCMSO e é necessário apurar se ele atende às exigências da NR 7, deve-se verificar o documento por meio de uma *checklist*, que pode ser desenvolvida de acordo com o modelo disponível no ambiente virtual de aprendizagem Tekne.

> **ASSISTA AO FILME**
> Acesse o ambiente virtual de aprendizagem Tekne para assistir a um vídeo sobre o PCMSO.

» Primeiros socorros (item 7.5)

Primeiros socorros é o ato de prestar assistência inicial e imediata a uma pessoa doente ou ferida até a chegada de ajuda profissional, incluindo o apoio psicológico para pessoas que sofrem emocionalmente devido à vivência ou ao testemunho de um evento traumático. Várias são as situações em que as pessoas podem vir a precisar de primeiros socorros, mas, nas atividades profissionais, acidentes de trabalho ou mal-estar causado por distúrbios, como acidente vascular encefálico, epilepsia e convulsão, ocorrem com bastante frequência (Figura 2.3).

> **IMPORTANTE**
> Prestar socorro imediato pode salvar a vida de uma pessoa, mas providenciar o atendimento adequado e comunicar corretamente a condição da vítima e o local exato onde ela se encontra agilizam e potencializam o socorro.

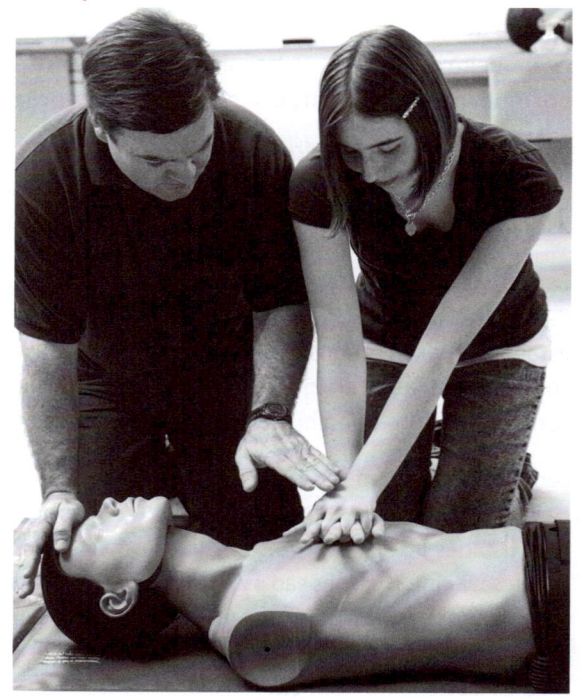

Figura 2.3 Treinamento para primeiros socorros.
Fonte: Lisa F. Young/iStock/Thinkstock.

Muitas empresas promovem treinamento em primeiros socorros para seus funcionários, para que todos saibam como agir em situações emergenciais. Para tanto, a empresa deve estar equipada com o material necessário à prestação de primeiros socorros segundo as características da atividade desenvolvida. O material precisa ser mantido em local adequado, predeterminado, de conhecimento de todos e sob a responsabilidade da pessoa treinada a prestar os primeiros socorros (subitem 7.5.1). O Quadro 2.6 apresenta os materiais recomendados para uma caixa de primeiro socorros. Esses materiais são encontrados facilmente em farmácias e lojas de material cirúrgico e hospitalar.

Quadro 2.6 » Materiais da caixa de primeiros socorros

- 5 pacotes de gaze
- 1 caixa de curativo adesivo
- 1 pacote de algodão
- 1 par de luvas estéreis
- 1 rolo de esparadrapo comum
- 1 atadura de crepom 10 cm
- 1 rolo de esparadrapo Micropore®
- 1 termômetro
- 1 frasco de Polvidine® tópico – 100 mL
- 1 frasco de soro fisiológico – 500 mL

>> **ASSISTA AO FILME**
Acesse o ambiente virtual de aprendizagem Tekne para assistir a um vídeo sobre primeiros-socorros para leigos.

Após o item sobre primeiros socorros, aparecem na NR diversos quadros que completam ou fazem parte do PCMSO e são preenchidos pelo médico do trabalho responsável pelo programa. Para entendê-los, é indicado que seja feita a leitura simultânea do texto deste capítulo, da NR e de um PCMSO.

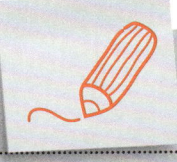

>> Agora é a sua vez!

Entreviste um médico do trabalho sobre como é feito um PCMSO. A entrevista pode ser realizada por um grupo formado por 3 a 5 alunos e publicada no formato de uma reportagem. Ela deve ser distribuída a todos os alunos da turma (impressa ou digital). Dicas sobre como realizar uma boa entrevista estão disponíveis no ambiente virtual de aprendizagem Tekne.

Programa de Prevenção de Riscos Ambientais (PPRA)

> **PARA SABER MAIS**
> Leia na íntegra o texto atualizado da NR 9 acessando o ambiente virtual de aprendizagem Tekne.

O Programa de Prevenção de Riscos Ambientais (PPRA) também teve suas origens na Convenção nº 161/85 da OIT (ORGANIZAÇÃO INTERNACIONAL DO TRABALHO, 1985), que estabeleceu sua obrigatoriedade. O PPRA foi criado por meio da Portaria GM nº 3.214, de 8 de junho de 1978 (BRASIL, 1978a), do Ministério do Trabalho, que é regido pela NR 9 da Secretaria de Segurança e Saúde do Trabalho, do Ministério do Trabalho. Seu texto passou por alterações e atualizações com a publicação da Portaria SSST nº 25, de 29 de dezembro de 1994 (BRASIL, 1994b), utilizada para desenvolver as análises e explicações feitas a seguir.

Responsabilidades do PPRA

De acordo com o item 9.4, as responsabilidades sobre o PPRA recaem sobre o empregador no tocante à obrigatoriedade de "[...] estabelecer, implementar e assegurar o cumprimento do PPRA como atividade permanente da empresa ou instituição." (BRASIL, 1978a) (subitem 9.4.1, inciso I) e recaem sobre os trabalhadores pelo cumprimento do descrito no subitem 9.4.2, incisos I, II e III.

Objeto e campo de aplicação do PPRA

Segundo o item 9.1, todas as empresas que possuem empregados precisam elaborar e implementar o PPRA (subitem 9.1.1). O empregador é o único responsável pelo desenvolvimento do programa, mas, ao implementá-lo, tem de contar com a participação dos trabalhadores, uma vez que eles conhecem os riscos ambientais existentes no local onde desenvolvem suas atividades (subitem 9.1.2). Os parâmetros mínimos de segurança dessa norma, desde que constatados e julgados insuficientes, podem ser ampliados, mas, para isso, é necessário negociar com o sindicato da categoria e incluir as alterações na negociação coletiva de trabalho (subitem 9.1.3).

> **IMPORTANTE**
> Da mesma maneira que os outros programas que visam a promover a saúde e a segurança do trabalhador, o PPRA tem de estar alinhado com as demais NRs, em especial com o PCMSO, previsto na NR 7 (subitem 9.1.3).

A legislação brasileira sobre segurança do trabalho considera como riscos ambientais agentes físicos, químicos e biológicos existentes nos ambientes de trabalho. No entanto, para que sejam considerados fatores de riscos ambientais, esses agentes precisam estar presentes no ambiente de trabalho em determinada concentração ou intensidade, e o tempo máximo de exposição do trabalhador a eles é determinado por limites preestabelecidos (item 9.1.5, subitens 9.1.5.1, 9.1.5.2, 9.1.5.3 e 9.1.2.1).

» Estrutura do PPRA

O item 9.2 estabelece que o PPRA deve ser elaborado na forma de um documento que contenha, no mínimo, as informações e a estrutura descritas a seguir (subitem 9.2.1):

a) **Planejamento anual com estabelecimento de metas, prioridades e cronograma.** O foco do planejamento deve ser a eliminação e o controle dos riscos ambientais e deve incluir todas as atividades identificadas nas fases de reconhecimento, avaliação ou definidas como medidas de controle. Os riscos existentes e identificados no mapa de riscos devem ser a base para o desenvolvimento do planejamento, que pode ter o formato de um plano de ação. O plano de ação requer um cronograma de execução que "[...]deve indicar claramente os prazos para o desenvolvimento das etapas e cumprimento das metas do PPRA." (subitem 9.2.3) (BRASIL, 1978a). As recomendações existentes no plano anual de ações do PPRA e no cronograma devem ser verificadas durante a realização do PPRA e indicam um possível caminho a ser traçado, não excluindo a possibilidade da existência de outras recomendações que não foram mencionadas.

b) **Estratégia e metodologia de ação.** A estratégia deve ser desenvolvida por meio de reuniões de planejamento, confrontação de relatos e dados de avaliações ambientais. A metodologia de avaliação dos agentes ambientais deve ser feita considerando a NR 15, que trata de atividades e operações insalubres, e seus 14 anexos, que apresentam as diretrizes para a comparação e a interpretação dos resultados das avaliações. Quando esses resultados excederem os valores limites previstos na NR 15, ou na ausência destes, deverão servir como parâmetro (BRASIL, 1978a):

- os limites de exposição ocupacional adotados pela American Conference of Governamental Industrial Higyenists (ACGIH);
- as normas da Fundacentro e da ABNT usadas em higiene do trabalho; ou
- os valores que venham a ser estabelecidos em negociação coletiva de trabalho, desde que mais rigorosos do que os critérios técnico-legais estabelecidos pela NR 15.

Priorização de avaliações quantitativas para o PPRA: A priorização de avaliações quantitativas para os contaminantes atmosféricos e os agentes físicos do ponto de vista do PPRA pode ser definida a partir do **grau de risco** identificado (Tabela 2.1).

Priorização das medidas de controle: É necessário adotar algumas definições para a priorização das medidas de controle do PPRA. O Quadro 2.7 apresenta alguns exemplos, classificados em quatro níveis.

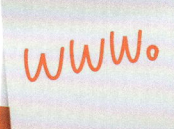

» **NO SITE**
No ambiente virtual de aprendizagem Tekne você encontra um modelo de plano anual de ações e um modelo de cronograma do PPRA.

» **PARA SABER MAIS**
Acesse o ambiente virtual de aprendizagem para ler na íntegra o texto atualizado da NR 15 e de seus anexos.

» **NO SITE**
Os valores de limites de exposição ocupacional adotados pela ACGIH, bem como as normas da Fundacentro e da ABNT usadas em higiene ocupacional, estão disponíveis no ambiente virtual de aprendizagem Tekne.

Tabela 2.1 » Especificação de grau de risco

Grau de risco	Prioridade	Descrição
0 e 1	Baixa	Não é necessária a realização de avaliações quantitativas das exposições.
2	Média	A avaliação quantitativa pode ser necessária, porém não é prioritária. Será prioritária somente se for necessário verificar a eficácia das medidas de controle e demonstrar que os riscos estão controlados.
3	Alta	Avaliação quantitativa é prioritária para estimar as exposições e verificar a necessidade ou não de melhorar ou implantar medidas de controle.
4	Alta	A avaliação quantitativa é prioritária, sendo relevante para o planejamento das medidas de controle a serem adotadas ou para o registro da exposição.

Fonte: Adaptado de Silveira (2011).

Quadro 2.7 » Priorização das medidas de controle

Consideração técnica da exposição	Situação da exposição
Abaixo de 50% do LT*	Aceitável
50% < LT < 100%	De atenção
Acima de 100% do LT	Crítica
Muito acima do LT ou IPVS**	De emergência

* Limite de tolerância
**Imediatamente perigosos à vida ou à saúde
Fonte: Adaptado de Silveira (2011).

c) **Forma do registro, manutenção e divulgação dos dados.** O documento-base, a avaliação global e as alterações do PPRA serão arquivados no estabelecimento por um período mínimo de 20 anos, bem como aqueles documentos inerentes ao tema, como laudos técnicos de avaliação de riscos ambientais. A CIPA terá acesso ao documento-base, à avaliação global e às alterações e vai analisá-los, discuti-los e validá-los. Uma cópia deve ser anexada à ata da reunião. O registro de dados tem de estar sempre disponível aos trabalhadores interessados ou seus representantes e às autoridades competentes (subitens 9.2.2, 9.2.2.1 e 9.2.2.2. A divulgação dos dados pode ser feita de diversas maneiras, sendo as formas mais comuns:

- treinamentos específicos;
- boletins e jornais internos;
- reuniões setoriais;

- mapa de riscos;
- via terminal de vídeo para consulta dos usuários;
- programa de integração de novos empregados;
- reuniões de CIPA e SIPAT;
- palestras avulsas.

d) **Periodicidade e forma de avaliação do desenvolvimento do PPRA.** O PPRA deve ser revisado sempre que necessário e pelo menos uma vez ao ano com o objetivo de avaliar o seu desenvolvimento e fazer ajustes. O monitoramento ou reavaliação é necessário para a verificação da eficácia e da eficiência das medidas de controle implementadas (subitem 9.2.1.1).

Desenvolvimento do PPRA

De acordo com o item 9.3, um PPRA é desenvolvido para atender a três situações, detalhadas a seguir.

PPRA sendo feito pela primeira vez para o local ou empresa: O responsável pela elaboração precisa ter total conhecimento e acesso aos procedimentos da empresa, para que o documento seja feito com o máximo de informações sobre as atividades desenvolvidas. "A elaboração, implementação, acompanhamento e avaliação do PPRA poderão ser feitas pelo SESMT ou por pessoa ou equipe de pessoas que, a critério do empregador, sejam capazes de desenvolver o disposto nesta NR." (subitem 9.3.1.1) (BRASIL, 1978a).

> **IMPORTANTE**
>
> O primeiro PPRA precisa ser muito bem elaborado, pois servirá de base para outros documentos e programas a serem desenvolvidos. Ele pode ser formulado dentro dos conceitos mais modernos de gerenciamento e gestão, em que o empregador tem autonomia suficiente para, com responsabilidade, adotar um conjunto de medidas e ações que considere necessárias para garantir a saúde e a integridade física dos seus trabalhadores.

Empresas que já possuem o PPRA e precisam atualizar os riscos existentes: Existem casos em que o PPRA foi elaborado, mas não foram realizadas as medições dos agentes agressivos já existentes ou foram inseridos novos agentes que oferecem riscos na realização dos procedimentos da empresa e que ainda não foram incluídos no documento. O responsável pelo PPRA deve fazer um novo levantamento para averiguar quais agentes e produtos não foram incluídos e refazer ou atualizar o documento com os procedimentos atuais e completos, incluindo as avaliações qualitativas e quantitativas.

> **NO SITE**
> No ambiente virtual de aprendizagem Tekne você encontra um modelo de formulário simplificado de *checklist* para o PPRA que pode ser adaptado a diversas empresas.

> **NO SITE**
> No ambiente virtual de aprendizagem Tekne você encontra modelos para as etapas de antecipação e reconhecimento de riscos.

Empresas que possuem PPRA com medições efetuadas e necessitam atualizá-lo: O responsável pela atualização vai fazer a leitura do programa e desenvolver uma *checklist* para monitorar se as informações contidas no documento estão corretas, bem como constatar se existem mudanças a serem feitas. Se houver mudanças, o documento será refeito com base nas novas constatações e, se estiver tudo de acordo com o documento checado, será feito um novo cronograma de ação incluindo as melhorias necessárias.

» Etapas do desenvolvimento do PPRA

O subitem 9.3.1 da NR 9 apresenta as etapas necessárias para que o documento gerado contemple todos os aspectos importantes de um PPRA. A seguir, serão detalhadas cada uma dessas etapas.

Antecipação e reconhecimento dos riscos: São procedimentos que permitem entender o funcionamento da empresa e identificar possíveis fatores de riscos aos empregados, colaboradores e parceiros durante as operações. Antecipar riscos inclui a "[...] análise de projetos de novas instalações, métodos ou processos de trabalho, ou de modificações já existentes, visando identificar riscos potenciais e introduzir medidas de proteção para sua redução ou eliminação." (subitem 9.3.2) (BRASIL, 1978a). Reconhecer os riscos inclui a identificação, a determinação e localização das possíveis fontes geradoras, a identificação das trajetórias e dos meios de propagação dos agentes, os possíveis danos relacionados aos riscos identificados e a descrição das medidas de controle já existentes (subitem 9.3.3, alíneas "a" a "h").

a) **Estabelecimento de prioridades e metas de avaliação e controle.** A empresa deve estabelecer as prioridades de ação de acordo com a etapa anterior, bem como o modo de ação para minimizar ou erradicar os riscos. A interpretação da avaliação e o estabelecimento de medidas de controle pode ser feito como exemplificado na Tabela 2.2.

Tabela 2.2 » Interpretação da avaliação e estabelecimento de medidas de controle

Avaliação interpretada	Possíveis danos à saúde	Medidas de controle existentes
Exposição abaixo do limite permissível e inexistência dos agentes ambientais químicos, físicos e biológicos.	Não há a presença de agentes ambientais que possam causar danos à saúde dos trabalhadores.	Acompanhamento médico com a realização de exames
		Treinamentos específicos para a função
		Elaboração e implementação de programas preventivos
Registro de danos à saúde	**Medidas de controle propostas**	
Até a presente data não houve registro de danos à saúde. Na ocorrência, deverá ser registrado na ficha médica do funcionário.	Manutenção das existentes	
	Implementação de outras, necessárias após a elaboração do PPRA, se houver a necessidade.	

Fonte: Adaptado de Silveira (2011).

b) **Avaliação dos riscos e da exposição dos trabalhadores:** Avaliar quantitativamente se necessário para comprovar o controle de exposição ou a inexistência de riscos identificados na etapa de reconhecimento, dimensionar a exposição dos trabalhadores ou ainda subsidiar o equacionamento das medidas de controle (item 9.3.4).

c) **Implantação de medidas de controle e avaliação de sua eficácia:** As medidas de controle estão previstas no subitem 9.3.5. O estabelecimento de "[...] critérios e mecanismos de avaliação da eficácia das medidas de proteção implantadas considerando os dados obtidos nas avaliações realizadas e no controle médico da saúde previsto na NR." consta do subitem 9.3.5.6 (BRASIL, 1978a). Identificado o fator de risco, devem ser estabelecidas medidas de controle e realizados testes periódicos para verificar as medidas adotadas considerando os seguintes aspectos:

As medidas de controle devem ser suficientes para eliminar, minimizar ou controlar os riscos ambientais em situações de identificação de riscos potenciais à saúde (fase de antecipação), risco evidente à saúde (fase de reconhecimento) ou quando os resultados das avaliações quantitativas da exposição dos trabalhadores excederem os valores limites previstos na NR 15, da Portaria nº 3.214/78, ou outros estabelecidos como critérios técnico-legais, ou ainda quando for estabelecido, por meio de controle médico, um nexo causal entre os danos e a situação de trabalho (subitem 9.3.5.1, alíneas "a", "b", "c" e "d"). A ação de controle está prevista no subitem 9.3.6, sendo considerado qualquer valor acima dos valores estabelecidos pelos limites da NR 15 passível de "[...] monitoramento periódico da exposição, informação aos trabalhadores e controle médico." (BRASIL, 1978a) (subitem 9.3.6.1 e subitem 9.3.6.2, alíneas "a" e "b"). As ações do PPRA serão desenvolvidas no âmbito de cada estabelecimento da empresa, e sua abrangência e profundidade dependem das características dos riscos existentes no local de trabalho e das respectivas necessidades de controle.

As medidas de proteção coletiva objetivam eliminar ou reduzir a utilização ou formação de agentes prejudiciais à saúde, prevenir a liberação ou disseminação desses agentes ou ainda reduzir os níveis ou a concentração desses agentes no ambiente de trabalho. Essas medidas têm de ser acompanhadas de treinamento dos trabalhadores quanto a procedimentos que garantam a eficiência e de informações sobre as limitações oferecidas (subitem 9.3.5.2, alíneas "a" a "c", e subitem 9.3.5.3).

Na inviabilidade de adoção de medidas de proteção coletiva, opta-se por medidas de caráter administrativo ou de organização do trabalho ou ainda pela utilização de EPIs (subitem 9.3.5.4, alíneas "a" e "b").

Os EPIs devem ser tecnicamente adequados ao risco a que o trabalhador está exposto, ao equipamento usado em uma atividade ou operação, aos níveis de exposição e ao agente de risco da atividade exercida, levando em conta a eficiência para o controle da exposição ao risco e o conforto do trabalhador usuário (subitem 9.3.5.5, alínea "a").

Os trabalhadores têm que ser treinados quanto à correta utilização dos EPIs e orientados sobre suas limitações. Deve haver normas e procedimentos sobre a guarda, a higienização, a conservação, a manutenção e a reposição dos EPIs. Deve ainda existir a caracterização das funções ou atividades dos trabalhadores com a identificação dos EPIs utilizados para os riscos ambientais (subitem 9.3.5.5, alíneas "b" a "d").

d) **Monitoramento da exposição aos riscos:** Precisa ser feito em períodos estabelecidos e determinados (subitem 9.37). A avaliação ocorrerá de maneira sistemática e com repetições de exposição aos riscos com o objetivo de introduzir ou melhorar as medidas de controle (subitem 9.3.7.1).Existem várias formas de realizar os procedimentos de monitoramento da exposição aos riscos, mas a checagem periódica é o procedimento mais adequado e praticado por muitas empresas. A checagem pode ser feita por meio de uma *checklist*, acompanhada de um cronograma que estabeleça a periodicidade de sua realização.

wwwo

>> **NO SITE**
No ambiente virtual de aprendizagem Tekne você encontra um modelo de *checklist* para o monitoramento da exposição aos riscos.

e) **Registro e divulgação dos dados:** Os dados coletados serão apresentados aos funcionários do local analisado e informações acompanhadas de orientações e treinamentos devem ser ministrados (subitem 9.38). O empregador ou a instituição deve ter um histórico técnico e administrativo do desenvolvimento do PPRA e esses dados serão mantidos por um período mínimo de 20 (vinte) anos, sendo acessíveis aos trabalhadores, seus representantes e autoridades competentes (subitens 9.3.8.1, 9.3.8.2 e 9.3.8.3).

>> Informações e orientações

Os trabalhadores interessados terão o direito de apresentar propostas e receber informações e orientações a fim de assegurar a proteção aos riscos ambientais identificados na execução do PPRA (item 9.5.1). Os empregadores deverão informar os trabalhadores de maneira apropriada e suficiente sobre os riscos ambientais que possam originar-se nos locais de trabalho e sobre os meios disponíveis para prevenir ou limitar tais riscos e para proteger-se deles (item 9.5.2).

>> Disposições finais

A NR 9 foi previdente em deixar claro no item 9.6 que, quando existem diversas empresas atuando em um mesmo ambiente de trabalho, o PPRA deve ser desenvolvido por meio de "ações integradas" (subitem 9.6.1).

O PPRA é um documento que prevê o uso da experiência e da vivência dos trabalhadores no ambiente de trabalho sobre os "[...] riscos ambientais presentes, incluindo os dados consignados no mapa de riscos previsto na NR 5." (subitem 9.6.2). A NR 9 também prevê que a ocorrência de qualquer situação que gere risco ambiental aos trabalhadores durante a execução dos serviços possibilite a "[...] interrupção de imediato das atividades [...] mediante a comunicação do fato [...] ao superior hierárquico direto para as devidas providências." (BRASIL, 1978a) (subitem 9.6.3).

> **>> ASSISTA AO FILME**
> Acesse o ambiente virtual de aprendizagem Tekne para assistir a um vídeo sobre o PPRA.

> **>> PARA SABER MAIS**
> Da mesma maneira que os outros programas que visam a promover a saúde e a segurança do trabalhador, o PPRA deve estar alinhado com as demais NRs, em especial com o PCMSO, previsto na NR 7 (subitem 9.1.3).

>> Agora é a sua vez!

Crie um formulário de *checklist* do PPRA da instituição em que você estuda. A criação de formulários adequados ao local é necessária pelo fato de existirem riscos específicos a cada empresa. Para realizar essa atividade, é necessário obter junto à direção da instituição uma cópia do PPRA.

» Programa de condições e meio ambiente de trabalho na indústria da construção

Partindo da obrigatoriedade ditada pela OIT, órgão do qual o Brasil é signatário, a Portaria GM nº 3.214, de 8 de junho de 1978 (BRASIL, 1978a), do Ministério do Trabalho criou a NR 18, que trata das condições e do ambiente de trabalho na indústria da construção. O texto passou por alterações e atualizações, tendo sido usada a versão atual para desenvolver as análises e explicações feitas neste capítulo.

A NR 18 foi criada com o objetivo de proporcionar maior segurança aos trabalhadores da indústria da construção civil (item 18.1 e subitem 18.1.1). Ela considera, além das "[...] atividades da indústria da construção as constantes do Quadro I, Código da Atividade Específica, da NR 4 – Serviços Especializados em Engenharia de Segurança e em Medicina do Trabalho." (subitem 18.1.2), "[...] as atividades e serviços de demolição, reparo, pintura, limpeza e manutenção de edifícios em geral, de qualquer número de pavimentos ou tipo de construção, inclusive manutenção de obras de urbanização e paisagismo." (BRASIL, 1978a).

Para possibilitar o controle da presença de pessoas no canteiro de obras, ficou proibido "[...] o ingresso ou a permanência de trabalhadores no canteiro de obras sem que estejam assegurados pelas medidas previstas nesta NR e compatíveis com a fase da obra." (subitem 18.1.3), sendo mantida a obrigatoriedade de aplicação das "[...] disposições relativas às condições e meio ambiente de trabalho, determinadas na legislação federal, estadual e/ou municipal, e em outras estabelecidas em negociações coletivas de trabalho." (subitem 18.1.4) (BRASIL, 1978a).

Para manter o controle e a fiscalização sobre as obras em andamento, a NR 18, em seu subitem 18.2, estabelece a obrigatoriedade de comunicar a "Delegacia Regional do Trabalho (DRT) antes do início das atividades." e fornecer as informações constantes no subitem 18.2.1, alíneas "a" e "e". A comunicação pode ser feita por meio do envio de correspondência protocolada em duas vias. O protocolo é feito na segunda via (BRASIL, 1978a).

A forma encontrada pela NR 18 para possibilitar a gestão eficaz das condições de trabalho e meio ambiente nos incontáveis canteiros de obras existentes em todo o país e fiscalizar a aplicação dos seus preceitos foi tratá-los no formato de um "Programa de Condições e Meio Ambiente de Trabalho na Indústria da Construção (PCMAT)." (item 18.3) (BRASIL, 1978a).

O PCMAT é um programa prevencionista que visa a antecipar riscos e controlar a segurança do trabalhador no ambiente de trabalho na indústria da construção por meio da aplicação das medidas e dos procedimentos de segurança constantes na NR 18 e em outras normas.

Mais detalhado do que o PPRA, o PCMAT deve contemplar as exigências contidas na NR 9 (subitem 18.3.1.1). Ele abrange todas as fases da obra e estabelece uma série de medidas de segurança e procedimentos de ordem administrativa, de planejamento e organização a serem adotados durante o desenvolvimento de uma obra. "A implementação do PCMAT nos estabelecimentos é de responsabilidade do empregador ou condomínio." (subitem 18.3.3) (BRASIL, 1978a).

> » **PARA SABER MAIS**
> Leia na íntegra o texto atualizado da NR 18 acessando o ambiente virtual de aprendizagem Tekne.

> » **NO SITE**
> Conheça um modelo de correspondência para a DRT acessando o ambiente virtual de aprendizagem Tekne.

> **PARA SABER MAIS**
> Leia na íntegra o texto da Nota Técnica n° 96/2009/DSST/SIT no ambiente virtual de aprendizagem Tekne.

Apesar de o item 18.3.2 da NR 18 estabelecer que o PCMAT "[...] deve ser elaborado por profissional legalmente habilitado na área de segurança do trabalho." (BRASIL, 1978a), o Ministério do Trabalho, em sua Nota Técnica n° 96/2009/DSST/SIT, mostrou que só os engenheiros podem elaborar o PCMAT, em virtude da necessidade de ele ser desenvolvido por meio de um projeto (BRASIL, 1978a).

O PCMAT deve ser elaborado para toda obra que em seu pico de atividades tiver 20 trabalhadores ou mais, de acordo com o previsto no subitem 18.3.1 da NR 18. O documento precisa ser mantido no estabelecimento à disposição do órgão regional do MTE (subitem 18.3.1.2). Obras com 19 trabalhadores ou menos devem elaborar o PPRA (subitem 18.3.1).

De acordo com o subitem 18.3.4, devem fazer parte do PCMAT (BRASIL, 1978a):

a) memorial sobre condições e meio ambiente de trabalho nas atividades e operações, levando-se em consideração riscos de acidentes e de doenças do trabalho e suas respectivas medidas preventivas;

b) projeto de execução das proteções coletivas em conformidade com as etapas de execução da obra;

c) especificação técnica das proteções coletivas e individuais a serem utilizadas.

> **NO SITE**
> Modelos de *checklist* para a elaboração do PCMAT e a verificação das especificações da NR 18 estão disponíveis no ambiente virtual de aprendizagem Tekne.

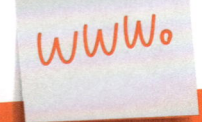

Para elaborar o PCMAT é preciso realizar uma ampla verificação sobre todos os aspectos da obra, incluindo sua duração, o tamanho do canteiro de obras e de seu *layout*, o número de funcionários e o tipo da obra. Recomenda-se a preparação prévia de uma *checklist* para a identificação e o reconhecimento dos riscos, a ser anexada ao documento-base do PCMAT. Também deve ser anexado ao documento-base do PCMAT o *layout* inicial do canteiro de obra, contemplando, inclusive, uma previsão de dimensionamento das áreas de vivência.

A especificação técnica e o projeto de execução das proteções coletivas devem estar em conformidade com as etapas da execução da obra (calhas de descarga de entulhos, plataformas de proteção, sistemas de guarda-corpo e rodapé, estabilização de taludes, proteções de máquinas e equipamentos, pisos provisórios, fechamentos provisórios de vãos e de aberturas no piso, andaimes, escadas, rampas, passarelas, tapumes, galerias, entre outros). Para verificar se todas as especificações técnicas estão de acordo com os preceitos da NR 18, faça uma *checklist* da NR 18.

> **NO SITE**
> Assista a um vídeo sobre o PCMAT disponível no ambiente virtual de aprendizagem Tekne.

O PCMAT não tem validade definida, mas periodicamente deve passar por uma reavaliação para verificar possíveis melhorias e se ele está atendendo plenamente o objetivo para o qual foi elaborado. Na reavaliação, são feitos os ajustes necessários, com novas metas e prioridades de segurança sendo estabelecidas.

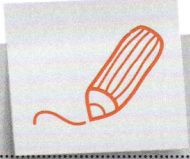

» Agora é a sua vez!

Estudo de caso:

1. Forme um grupo de trabalho composto por 3 a 5 pessoas.
2. Identifique uma obra em andamento e converse com o responsável acerca do estudo de caso. (Obtenha autorização para realizá-lo).
3. Solicite ao responsável uma cópia do PCMAT da obra.
4. Visite a obra e faça a *checklist* do PCMAT.
5. Compare a *checklist* com a cópia do PCMAT da obra.
6. Faça um relatório sobre as constatações, e proponha melhorias no PCMAT estudado.
7. Publique o relatório para todos os membros da turma (impresso ou digital).

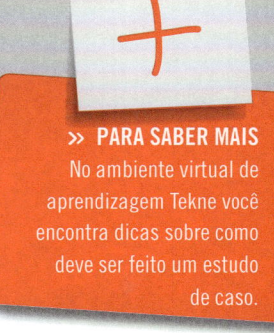

> » **PARA SABER MAIS**
> No ambiente virtual de aprendizagem Tekne você encontra dicas sobre como deve ser feito um estudo de caso.

capítulo 3

Responsabilidades da empresa pela segurança no ambiente de trabalho

A segurança no ambiente de trabalho é um dos fatores que levam as empresas a obter produtividade e bons resultados financeiros, uma vez que, ao promovê-la, os contratempos decorrentes de acidentes de trabalho e doenças ocupacionais são minimizados. Este capítulo trata sobre as responsabilidades do empregador em relação à segurança dos empregados no ambiente de trabalho.

Objetivos de aprendizagem

- Reconhecer a responsabilidade do empregador e de seus agentes sobre a segurança do trabalho.
- Analisar os tipos de indenização existentes sobre os danos causados pela falta de segurança no ambiente de trabalho.
- Reconhecer os tipos de investimentos feitos pelas empresas na segurança do ambiente de trabalho.

Para começar

Nos países desenvolvidos, a cultura prevencionista é praticada tanto pelos empregadores quanto pelos empregados. Já nos países em desenvolvimento, como o Brasil, ainda há fatores sociais, econômicos e culturais que dificultam a execução da legislação e das práticas normatizadas. Em consequência disso, ações judiciais são impetradas diariamente pelos trabalhadores em busca de reparação civil e criminal, resultando em benefícios previdenciários decorrentes de acidentes de trabalho e doenças ocupacionais.

> **» IMPORTANTE**
> O Artigo 2 da CLT diz que o empregador é o responsável pela prestação de serviço, pois é ele quem contrata, assalaria e dirige a prestação de serviço na empresa, portanto, cabe a ele o ônus e o bônus advindos dessa prestação de serviço (BRASIL, 1943).

O contrato de trabalho cria um vínculo entre a empresa e o empregado que obriga reciprocamente as partes, ou seja, traz vantagens e ônus recíprocos. Ao assumir o contrato de trabalho, o **empregado** se coloca à disposição do empregador com sua força de trabalho e fica subordinado às regras fixadas no contrato e na legislação trabalhista.

Por sua vez, ao assinar o contrato de trabalho com um trabalhador, o **empregador** assume diversas obrigações, como pagar os salários pelos serviços prestados, manter um ambiente de trabalho saudável e reduzir os riscos ao trabalho por meio da aplicação de normas de saúde, higiene e segurança. Esses preceitos estão previstos na Constituição Federal (BRASIL, 1988b) (Artigo 7º, incisos XXII, XXIII e XXVIII) e no Capítulo V, Título II, da Consolidação das Leis do Trabalho relativas à segurança e à medicina do trabalho, aprovadas pela Portaria nº 3.214, de 8 de junho de 1978 (BRASIL, 1978a).

» Responsabilidade do empregador na prevenção de acidentes do trabalho

> **» IMPORTANTE**
> Para haver responsabilização do empregador por um acidente de trabalho, é necessário existir nexo causal entre sua conduta e o resultado danoso (causalidade naturalística) ou entre o resultado danoso e a conduta que ele deveria ter adotado (causalidade normativa).

Por lei, a empresa é responsável pela adoção e pelo uso de medidas coletivas e individuais de proteção e segurança da saúde do trabalhador, devendo prestar informações pormenorizadas sobre os riscos da operação a executar e do produto a manipular. De acordo com o Artigo 157 da CLT (BRASIL, 1943), cabe à empresa cumprir e fazer cumprir as normas de segurança e medicina do trabalho e instruir os empregados, mediante ordens de serviço, quanto às precauções para evitar acidentes de trabalho ou doenças ocupacionais.

A empresa deve também punir o empregado que, sem justificativa, recusar-se a observar as referidas ordens de serviço e a usar os equipamentos de proteção individual fornecidos, conforme previsto no Artigo 158 da CLT (BRASIL, 1943). Quanto às **terceirizações**, por força de norma regulamentadora, a empresa tomadora de serviços está obrigada a estender aos empregados da empresa contratada que lhe presta serviços no seu estabelecimento a assistência de seus serviços especializados em engenharia e segurança e em medicina do trabalho.

No acidente de trabalho real e na doença do trabalho, o empregador sempre tem o domínio da situação fática, ou seja, o empresário é sempre conhecedor do ambiente e das formas como são realizadas as atividades produtivas. No **acidente de trabalho por ficção legal** e na doença profissional, a situação real foge ao seu controle, e ele raramente pode prevê-los ou evitá-los. As responsabilidades do empregador em relação à segurança no ambiente do trabalho dividem-se em quatro esferas, detalhadas a seguir.

> **NO SITE**
> O *acidente de trabalho por ficção legal* está previsto no Artigo 21 da Lei 8.213/91, disponível no ambiente virtual de aprendizagem Tekne: www.grupoa.com.br/tekne.

>> Esfera civil

A responsabilidade civil é a obrigação de reparar o dano que uma pessoa causa a outra. Em direito, a teoria da responsabilidade civil procura determinar em que condições uma pessoa pode ser considerada responsável pelo dano sofrido por outra pessoa e em que medida está obrigada a repará-lo. A reparação do dano é feita por meio da indenização, que é quase sempre pecuniária. O dano pode ser à integridade física, à honra ou aos bens de uma pessoa.

Após a publicação da Constituição de 1988 (BRASIL, 1988b), o empregador passou a responder civilmente pela reparação do dano, mesmo que a culpa seja levíssima. O instrumento jurídico que permite a verificação da culpa e a avaliação da responsabilidade é o **Código Civil**.

O empregador também é responsável pelos atos de seus empregados durante o exercício de suas funções. De acordo com a Súmula 311 do Supremo Tribunal Federal, "[...] é presumida a culpa do patrão ou comitente pelo ato culposo do empregado ou preposto." (BRASIL, 1964). O sócio-gerente da empresa que deixar de atender às normas de saúde e segurança do trabalho está praticando atos contrários ao texto expresso de lei, e, no caso de acidente de trabalho, seus bens particulares responderão pela reparação do dano.

A seguir, são apresentados os tipos de indenização geralmente proferidos pelos juízes.

Em caso de morte do empregado: Pagamento das despesas com tratamento da vítima, seu funeral e luto da família; prestação de alimentos às pessoas a quem o defunto os devia; dano moral; e constituição de um capital representado por imóveis ou títulos da dívida pública, impenhoráveis, cuja renda assegure o cabal cumprimento do pagamento das prestações vincendas.

Pagamento das despesas de tratamento médico da vítima: Inclui medicamentos, hospitais, fisioterapia, próteses, órteses, colchão de água, cama hospitalar, cadeira de rodas sem e com motor, enfermeiros, acompanhantes e manutenção de equipamentos, próteses e órteses por toda a vida da vítima.

Pagamento de lucros cessantes até o fim da convalescença: Valor pertinente a tudo o que o acidentado deixou de ganhar em razão do acidente.

Aplicação de multa: No grau médio da pena criminal correspondente, duplicada em caso de aleijão ou deformidade.

Pagamento de dote: Se a vítima for mulher em condições de casar e do acidente resultar aleijão ou deformidade, é determinado o pagamento de dote segundo as posses do ofensor e as circunstâncias da ofendida.

Indenização em virtude da incapacidade total ou parcial permanente para o trabalho: Se a ofensa resultar em incapacidade total ou parcial permanente para o trabalho, o pagamento de pensão correspondente à importância que o trabalhador deixará de receber pelo trabalho para o qual se inabilitou ou proporcional à depreciação que o trabalhador sofreu.

Indenização por dano estético: O dano estético é um dano de caráter não patrimonial, distinto do dano moral. Ele é caracterizado por uma modificação duradoura ou permanente na aparência externa de uma pessoa contribuindo para o surgimento de dor moral. Ele é uma ofensa aos direitos de personalidade da pessoa, pois provoca desequilíbrio entre o estado passado da pessoa e o estado presente e futuro. É uma modificação para pior.

Indenização em dinheiro: Feita no mesmo valor do capital indicado pela justiça do trabalho (total ou parcial) com o objetivo de fornecer ao acidentado um capital que garanta a sua subsistência futura.

Indenização por dano moral: O dano moral tem origem em uma ofensa ou violação dos bens de ordem moral de uma pessoa, tais sejam o que se referem à sua liberdade, à sua honra, à sua saúde (mental ou física), à sua imagem. O trabalhador sempre tem direito a pleitear indenização quando se sentir lesado.

» Esfera criminal

De acordo com o Artigo 13, § 2°, do Código Penal de 1984 (BRASIL, 1984), a pessoa que tem o dever legal e a possibilidade real de agir no sentido de evitar o resultado e não o faz **dolosamente** ou **culposamente** será penalmente responsável por essa omissão. O empregador tem o dever de agir, seja pelo poder de mando e direção sobre o empregado, mas os responsáveis pela segurança do trabalho na empresa (técnico de segurança, SESMT, CIPA) também podem responder criminalmente pelos acidentes.

> **» DEFINIÇÃO**
>
> **Comportamento doloso** é aquele em que o agente quis intencionalmente o resultado ou assumiu o risco de produzi-lo.
>
> **Comportamento culposo** é aquele em que o agente não tomou o cuidado necessário no sentido de evitar o resultado.

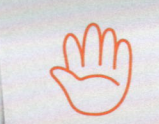

O Artigo 121, § 3°, do Código Penal (BRASIL, 1984) trata do homicídio culposo, que é o instrumento utilizado quando ocorre a morte de um trabalhador em um acidente de trabalho, pois é a modalidade do crime que decorre, em regra, da inobservância das normas de segurança e medicina do trabalho. De acordo com o Artigo 19, § 2°, da Lei n° 8.213/91 (BRASIL, 1991a), mesmo que não haja qualquer acidente ou risco de acidente, o simples descumprimento das normas de segurança e higiene do trabalho já é um relevante penal, respondendo o transgressor por contravenção penal punível com multa.

» NO SITE
Assista a um vídeo sobre a responsabilidade civil das empresas sobre a segurança do trabalho disponível no ambiente virtual de aprendizagem Tekne.

» ATENÇÃO
Se o causador do acidente for o próprio empregado, por culpa exclusiva sua (ato inseguro), não haverá crime, pois a auto-ofensa não é punida em nosso ordenamento jurídico.

❯❯ Esfera trabalhista

A empresa é obrigada a conceder estabilidade provisória pelo prazo de 12 meses ao empregado que for vítima de acidente de trabalho. Quando a empresa descumpre as normas de proteção à segurança e à saúde do trabalhador, seus empregados podem rescindir o contrato de trabalho por culpa do empregador, com base nas alíneas c e f do Artigo 483 da CLT (BRASIL, 1943).

Quando ocorre a morte de um empregado em acidente de trabalho por culpa da empresa ou de seus prepostos, os dependentes ou herdeiros do falecido têm direito às mesmas verbas trabalhistas a que ele teria direito no caso de rescisão indireta do contrato de emprego, como 40% do FGTS e aviso prévio.

> **❯❯ NO SITE**
> O Artigo 483 da CLT pode ser lido na íntegra no ambiente virtual de aprendizagem Tekne.

❯❯ Esfera previdenciária

Quando o acidente de trabalho ocorre por negligência das normas de segurança e higiene do trabalho, a Previdência Social proporá ação regressiva contra os responsáveis (Artigo 120 da Lei nº 8.213/91). Esse dispositivo é mais um instrumento de punição a quem der causa a acidente de trabalho, que não ficará civilmente impune mesmo que a vítima ou seus parentes não tenham interesse ou não possam, por qualquer motivo, acionar o causador do dano (BRASIL, 1991a).

❯❯ Responsabilidade dos agentes empresariais nos acidentes do trabalho

Além de a empresa ter as responsabilidades estabelecidas pela legislação, também os seus agentes respondem de acordo com a sua participação e responsabilidade pelo ocorrido. O enquadramento legal do crime é feito de acordo com o modo de agir e o comportamento do agente, que pode ser doloso ou culposo.

No caso de **comportamento doloso**, o agente responderá por lesão corporal ou homicídio simples, de acordo com o caso, sujeitando-se à pena de 3 meses a 1 ano de detenção no caso de lesão corporal leve, e de 6 a 20 anos de reclusão no caso de homicídio. O agente também poderá ser enquadrado no **Artigo 132** do Código Penal (BRASIL, 1984).

> Artigo 132 - Expor a vida ou a saúde de outrem a perigo direto e iminente:
>
> Pena - detenção, de três meses a um ano, se o fato não constitui crime mais grave. Parágrafo único - A pena é aumentada de um sexto a um terço se a exposição da vida ou da saúde de outrem a perigo decorre do transporte de pessoas para a prestação de serviços em estabelecimentos de qualquer natureza, em desacordo com as normas legais.

No **comportamento culposo**, o agente responderá por crime de lesão corporal culposa ou homicídio culposo, de acordo com o caso, sujeitando-se à pena de 2 meses a 1 ano de detenção no caso de lesão corporal e de 1 a 3 anos no caso de homicídio culposo. A pena será aumentada em um terço se o crime resultar de **inobservância de regra técnica** de profissão, arte ou ofício (p. ex., engenheiro que falha na escolha do ferro da laje que desaba; técnico de segurança que orienta erroneamente o empregado que se acidenta; médico do trabalho que erra no tempo de exposição do empregado aos gases exalados de certo produto químico, etc.).

As responsabilidades sobre os acidentes de trabalho também recaem sobre os integrantes do SESMT e da CIPA, pois suas atividades têm por finalidade promover a saúde e proteger a integridade do trabalhador no local de trabalho. Desse modo, eles têm a obrigação legal de aplicar os conhecimentos de suas especialidades para esse fim.

O SESMT estabelece e avalia os procedimentos adotados pela empresa no campo de segurança e medicina no trabalho, portanto, seus integrantes, dentro dos limites de sua área de atuação, respondem por culpa ou dolo quando ocorrem acidentes de trabalho. Os integrantes da CIPA podem dar causa ao acidente do trabalho por ação ou omissão.

Os integrantes do SESMT e da CIPA somente se eximirão de responsabilidade quando provarem que não puderam agir para prevenir ou evitar o acidente ou que, apesar de cumprirem com todas as suas obrigações legais, este ainda assim ocorreu.

>> DICA

Geralmente existe nexo causal entre o resultado e a conduta dos membros do SESMT e da CIPA no acidente de trabalho real, ocorrido no local de trabalho, e de doença do trabalho. Quando isso é comprovado, ocorre a ação criminal.

>> **ATENÇÃO**
Uma ordem ilegal dada por um superior hierárquico não impede o membro do SESMT ou da CIPA de agir da forma correta, mas se ele agir incorretamente para atender a uma ordem ilegal dada por um superior hierárquico, a responsabilidade sobre um possível evento danoso aos funcionários recairá sobre ele.

>> Investimento em segurança do trabalho

Muitas empresas consideram a segurança do trabalho uma área cujas atividades e procedimento geram despesas e não lucros, e evitam tais gastos sempre que possível. Por sua vez, também existem as empresas que consideram as despesas com segurança do trabalho um investimento.

O investimento em segurança do trabalho é feito considerando toda a legislação pertinente, bem como estudos e pesquisas realizados com o objetivo de eliminar os fatores de risco que levam a acidentes ou reduzir seus efeitos. Nada é deixado ao acaso, pois isso pode conduzir a fatalidades.

A seguir são apresentados os investimentos mais comuns e obrigatórios feitos pelas empresas.

» Equipamento de proteção coletiva (EPC)

São equipamentos utilizados para proteção de segurança enquanto um grupo de pessoas realiza determinada tarefa ou atividade. Eles podem ser de proteção de um coletivo (geralmente estão instalados nos locais, como guarda-corpos, corrimãos, grades, etc.), ou são EPIs de uso coletivo (não exclusivo do funcionário), pois são usados por quem tiver necessidade no momento da execução da atividade, como máscaras de solda ou cinto de segurança, adotados por todos os trabalhadores quando expostos a determinados riscos.

Os equipamentos de proteção coletiva protegem todos os trabalhadores expostos ao risco ao mesmo tempo. Entre eles, destacam-se:

- enclausuramento acústico de fontes de ruído;
- ventilação dos locais de trabalho (exaustores para gases e vapores);
- proteção de partes móveis de máquinas (tela/grade para proteção de polias, peças ou engrenagens móveis, sensores de movimento);
- ar-condicionado/aquecedor para locais frios;
- placas de aviso e sinalizadoras;
- corrimão em escadas e passarelas;
- fitas antiderrapantes de degrau de escada;
- iluminação;
- piso antiderrapante;
- barreiras de proteção contra luminosidade e radiação;
- guarda-corpos;
- sirene de alarme de incêndio;
- cabines para pintura;
- purificadores de ar/água;
- chuveiro e lava-olhos de emergência (Figura 3.1).

O uso de EPCs independe da ação do trabalhador, uma vez que devem estar presentes no ambiente de trabalho por determinação e indicação do SESMT da empresa e por recomendação da CIPA.

> » **IMPORTANTE**
> A empresa que investe na segurança do trabalho, além de evitar acidentes, lucra mais, pois deixa de gastar com remuneração dos dias parados do acidentado e evita o remanejamento ou a contratação de funcionários para suprir a ausência do acidentado e os gastos decorrentes dos processos judiciais trabalhistas, cíveis e criminais.

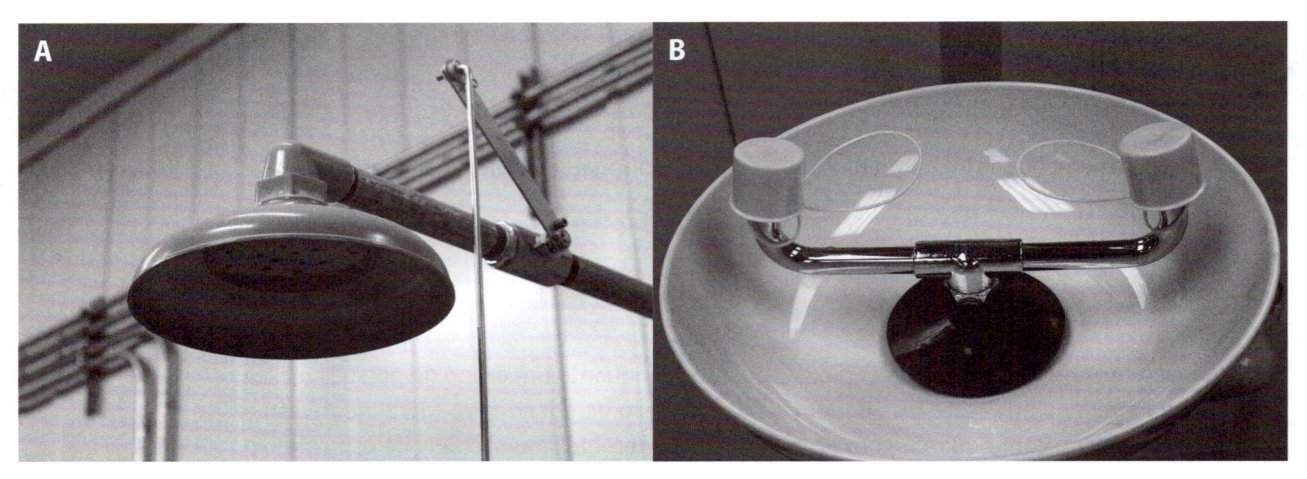

Figura 3.1 Equipamentos de proteção coletiva: (A) chuveiro de emergência; (B) lava-olhos de emergência.
Fonte: iStock/Thinkstock.

»Equipamento de proteção individual (EPI)

É todo dispositivo ou produto, de uso individual do trabalhador, destinado à proteção contra riscos capazes de ameaçar a sua segurança e a sua saúde. Ele deve ser utilizado sempre que os EPCs não forem suficientes para eliminar completamente o risco de acidentes ou doenças ocupacionais. O SESMT ou a CIPA são responsáveis por indicar e recomendar ao empregador o fornecimento do EPI ao trabalhador em perfeito estado de conservação e funcionamento e nas seguintes situações:

- sempre que as medidas de ordem geral não ofereçam completa proteção contra os riscos de acidentes do trabalho ou de doenças profissionais e do trabalho e também quando não for possível eliminar o risco por meio de EPCs;
- enquanto as medidas de proteção coletiva estiverem sendo implantadas e quando for necessário complementar a proteção individual;
- para atender a situações de emergência ou execução de trabalhos eventuais e em exposições de curtos períodos.

Os EPIs fornecidos devem ser adequados ao tipo de atividade ou risco existente e à parte do corpo a ser protegida (Figura 3.2). Os seguintes equipamentos são exemplos de EPIs:

- proteção auditiva (abafadores de ruídos ou protetores auriculares);
- proteção respiratória (máscaras e filtro);
- proteção visual e facial (óculos e viseiras);
- proteção da cabeça (capacetes);
- proteção de mãos e braços (luvas e mangotes);
- proteção de pernas e pés (sapatos, botas e botinas);
- proteção contra quedas (cintos de segurança e cinturões).

Figura 3.2 Alguns equipamentos de proteção individual.
Fonte: iStock/Thinkstock.

»Treinamento aos empregados

O treinamento aos empregados sobre a segurança do trabalho deve ser feito a partir do momento em que eles são contratados, nos moldes exigidos pela NR 18, item 18.28 (BRASIL, 1978a). O trabalhador receberá por escrito os procedimentos de trabalho e de segurança a serem seguidos em sua execução.

Durante o treinamento, o empregado receberá informações sobre o histórico da empresa e sobre a política de segurança. Também será instruído sobre o que é segurança do trabalho, o que é acidente de trabalho e quais são suas implicações, bem como será informado sobre as condições do meio ambiente de trabalho, os riscos de sua função e o uso de EPCs e EPIs.

As empresas geralmente patrocinam os programas e ações propostos pelo SESMT e pela CIPA por meio da disponibilização dos recursos financeiros necessários à elaboração de palestras e de materiais impressos e à contratação de palestrantes. As responsabilidades da empresa com a segurança do trabalho são enormes e vão muito além das descritas na legislação, pois elas referem-se à vida do trabalhador.

> **» IMPORTANTE**
> O treinamento aos empregados sobre segurança do trabalho deve ser reciclado periodicamente.

> **» ASSISTA AO FILME**
> Para saber mais, assista aos vídeos produzidos pelo governo de Pernambuco sobre o uso de EPCs e EPIs disponíveis no ambiente virtual de aprendizagem Tekne.

Agora é a sua vez!

1. Acesse o ambiente virtual de aprendizagem Tekne e faça uma pesquisa sobre os processos existentes no Tribunal Superior do Trabalho, observando sua natureza e os motivos que lhes deram origem.

2. Escolha um dos processos e procure entender se os motivos que o originaram são decorrentes de responsabilidades não cumpridas pela empresa ou por seus agentes.

3. Depois de estudar o processo, descreva o que poderia ter sido feito pela empresa ou por seus agentes para evitar sua ocorrência.

capítulo 4

Fiscalização da segurança do trabalho

Neste capítulo você conhecerá a legislação utilizada pelo órgão fiscal do Estado para regular as atividades nas empresas que apresentam riscos à segurança e à saúde do trabalhador. Serão também abordados os procedimentos adotados pelos auditores fiscais em suas inspeções periódicas, os tipos de inspeções realizadas e os documentos solicitados pelos auditores fiscais.

Objetivos de aprendizagem

- Compreender os objetivos da fiscalização do trabalho.
- Reconhecer os poderes do auditor fiscal e sua importância.
- Calcular uma multa recebida em caso de infração.

Para começar

A fiscalização do trabalho é uma atividade desempenhada pelo Estado por meio de seu órgão gestor com a finalidade de verificar e adequar o cumprimento, por parte das empresas, da legislação de proteção ao trabalhador. Ela atua na orientação para a prevenção e na correção de procedimentos informais adotados pelas empresas.

> **DEFINIÇÃO**
> Fiscalização é a prática de vigilância constante sobre determinada atividade que tenha seu procedimento regulado por lei específica.

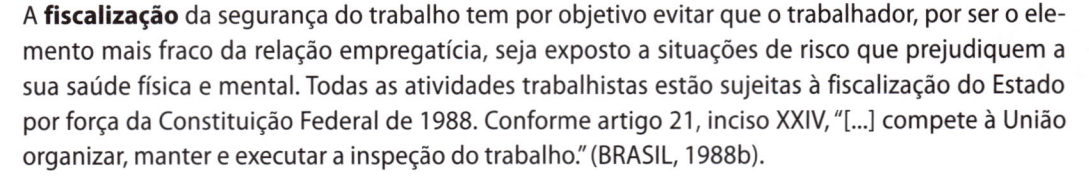

A **fiscalização** da segurança do trabalho tem por objetivo evitar que o trabalhador, por ser o elemento mais fraco da relação empregatícia, seja exposto a situações de risco que prejudiquem a sua saúde física e mental. Todas as atividades trabalhistas estão sujeitas à fiscalização do Estado por força da Constituição Federal de 1988. Conforme artigo 21, inciso XXIV, "[...] compete à União organizar, manter e executar a inspeção do trabalho." (BRASIL, 1988b).

A Consolidação das Leis do Trabalho (CLT), em seu Artigo 626 e seguintes, prevê a competência da regulamentação pelo Ministério do Trabalho (BRASIL, 1943):

> Art. 626 Incumbe às autoridades competentes do Ministério do Trabalho, àquelas que exerçam funções delegadas, a fiscalização do fiel cumprimento das normas de proteção ao trabalho.
>
> Parágrafo único - Os fiscais do Instituto Nacional de Seguridade Social e das entidades paraestatais em geral, dependentes do Ministério do Trabalho, serão competentes para a fiscalização a que se refere o presente Art., na forma das instruções que forem expedidas pelo Ministro do Trabalho.

> **PARA SABER MAIS**
> Acesse o ambiente virtual de aprendizagem Tekne (www.grupoa.com.br/tekne) para ler leis, decretos, portarias, atos declaratórios, convenções, instruções normativas e precedentes administrativos.

Poderes do auditor fiscal

O **auditor fiscal** pode realizar inspeções em qualquer empresa de sua área de atuação em qualquer dia e horário, sem necessidade de comunicar previamente. Ele possui acesso a todas as dependências da empresa e pode solicitar informações e esclarecimentos a qualquer pessoa para apurar fatos considerados por ele como relevantes à inspeção.

O auditor fiscal também pode retirar da empresa, mediante aviso, cópias de documentos, modelos de equipamentos ou amostras de materiais para análise na sede da Delegacia Regional do Trabalho ou em outro órgão a ela vinculado. Se julgar necessário, ele pode ainda solicitar a especialistas em segurança e medicina do trabalho da empresa ou peritos do Estado esclarecimentos sobre os aspectos técnicos necessários para melhor entender as situações encontradas durante a vistoria.

> **ATENÇÃO**
> Qualquer resistência ao trabalho do auditor fiscal por parte da empresa pode ser objeto de ação policial para garantir a ação fiscalizadora.

Todos os procedimentos fiscais realizados pelo auditor fiscal estão previstos no **Decreto nº 4.552**, de 27 de dezembro de 2002, que aprova o Regulamento da Inspeção do Trabalho (RIT) (BRASIL, 2002c).

A Convenção nº 81 da Organização Internacional do Trabalho (1947) (ratificada pelo Brasil), em consonância com a legislação federal, estipula os principais poderes da inspeção do trabalho, detalhados a seguir.

Livre acesso: Efetiva a inspeção do trabalho, uma vez que a inspeção por si, sem o poder de visita, seria uma atividade meramente burocrática. O livre acesso é autorizado porque o auditor fiscal defende o interesse coletivo, a fé pública e o dever de sigilo da autoridade fiscalizadora.

Investigação: Completa o poder de livre acesso aos locais da empresa e aos seus documentos para comprovar a veracidade dos fatos.

Injunção: Imposição de obrigações à empresa com a finalidade de fazer cumprir as normas legais de proteção do trabalho ou mesmo prevenir ou interromper atividades ou situações que estejam colocando em risco a integridade física dos trabalhadores.

Notificação para correção de irregularidade: O auditor fiscal do trabalho sempre notifica a empresa sobre a correção de irregularidades constatadas durante a inspeção em relação a aspectos pertinentes à saúde e à segurança do trabalho de acordo com os prazos estabelecidos na legislação (60 dias prorrogáveis por mais 60 dias).

Expedição de notificação de débito: Poder que o auditor fiscal do trabalho tem de emitir notificação fiscal de débito contra o infrator quando houver mora no pagamento do FGTS ou do salário dos trabalhadores. Essa notificação é expedida após procedimento próprio de ação fiscal, sem prejuízo de lavratura de auto de infração.

Autuação: O auditor fiscal do trabalho pode lavrar auto de infração quando observar violação a preceito legal, sendo que a não lavratura poderá acarretar a configuração de crime de responsabilidade.

Autorização e autenticação: Consistem em poderes conferidos ao auditor fiscal do trabalho, como autorização do trabalho aos domingos, autorização para a redução do intervalo intrajornada, autenticação dos livros de inspeção do trabalho e das fichas ou livros de registro do empregado, os Termos de Rescisão do Contrato de Trabalho (TRCT), etc.

Mediação: Forma extrajudicial de solução e prevenção de conflitos. No âmbito da Superintendência Regional do Trabalho, é possível solicitar uma mesa redonda, que consistirá na mediação de um auditor fiscal do trabalho entre representante de empresa e empregados em torno da discussão da negociação de acordo ou convenção coletiva de trabalho.

>> **PARA SABER MAIS**
Acesse o ambiente virtual de aprendizagem Tekne para ler, na íntegra, o decreto relativo ao Regulamento da Inspeção de Trabalho.

>> **NO SITE**
Conheça as convenções da OIT ratificadas pelo Brasil acessando o ambiente virtual de aprendizagem.

> **PARA SABER MAIS**
> Leia a NR 28 na íntegra acessando o ambiente virtual de aprendizagem Tekne.

» Norma Regulamentadora 28 – NR 28 (BRASIL, 2006)

Instituída pela Portaria GM nº 3.214, de 8 de junho de 1978 (BRASIL, 1978a), a NR 28 é o instrumento utilizado pelo auditor fiscal para realizar a fiscalização e impor penalidades sobre as infrações encontradas durante a vistoria.

» Cálculo das penalidades previstas na NR 28

As multas previstas na NR 28 são calculadas por meio do cruzamento entre o número de funcionários e o código da infração. No corpo da NR 28 existem dois anexos. No **Anexo I**, são apresentadas as graduações das multas impostas para as infrações referentes à segurança do trabalho e à medicina do trabalho em quatro níveis e as faixas com o número de empregados (Tabela 4.1). No **Anexo II** são encontradas as tabelas com os itens, o código de infração e a classificação da infração (Tabela 4.2).

Tabela 4.1 » Anexo I da NR 28

Valor da multa (em UFIR)								
Segurança do trabalho 6.304				Medicina do trabalho 3.782				
Anexo I (Alterado pela Portaria nº 3, de 1º de julho de 1992)								
Gradação de multas (em BTN)								
Número de empregados	Segurança do trabalho				Medicina do trabalho			
	1	2	3	4	1	2	3	4
1 – 10	630 – 729	1129 – 1393	1691 – 2091	2252 – 2792	378 – 482	676 – 839	1015 – 1254	1350 – 1680
11 – 25	730 – 830	1394 – 1664	2092 – 2495	2793 – 3334	429 – 498	840 – 1002	1255 – 1500	1681 – 1998
26 – 50	831 – 963	1665 – 1935	2496 – 2898	3335 – 3876	499 – 580	1003 – 1166	1501 – 1746	1999 – 2320
51 – 100	964 – 1104	1936 – 2200	2899 – 3302	3877 – 4418	581 – 662	1176 – 1324	1747 – 1986	2321 – 2648
101 – 250	1105 – 1241	2201 – 2471	3303 – 3717	4419 – 4948	663 – 744	1325 – 1482	1987 – 2225	2649 – 2976
251 – 500	1242 – 1374	2472 – 2748	3719 – 4121	4949 – 5490	745 – 826	1483 – 1646	2226 – 2471	2977 – 3297
501 – 1000	1375 – 1507	2749 – 3020	4122 – 4525	5491 – 6033	827 – 906	1647 – 1810	2472 – 2717	3298 – 3618
Mais de 1000	1508 – 1646	3021 – 3284	4526 – 4929	6034 – 6304	907 – 900	1811 – 1973	2718 – 2957	3619 – 3782

Tabela 4.2 » Anexo II da NR 28

NR 1 (101.000-0)		
Item/subitem	Código	Infração
1.7 "a"	101.001-8	1
1.7 "b"	101.010-7	1
1.7 "c" I	101.005-0	3
1.7 "c" II	101.006-9	3
1.7 "c" III	101.007-7	3
1.7 "c" IV	101.008-5	3
1.7 "d"	101.009-3	3
1.7 "e"	101.011-5	3

> **》 DICA**
>
> Para calcular a penalidade imposta pelo auditor fiscal, é preciso encontrar nas tabelas do Anexo II o número da infração e, em seguida, identificar no Anexo I a faixa em que a empresa se encontra, de acordo com o número de funcionários.

Exemplo de cálculo

Vamos supor que uma empresa com mil funcionários tenha sido autuada por um auditor fiscal por não ter instalado a CIPA. Tal irregularidade pode ser confirmada a partir da leitura da NR 5, que, em seu item 5.2 da sessão "Da Constituição", dispõe o seguinte:

> Devem constituir CIPA, por estabelecimento, e mantê-la em regular funcionamento as empresas privadas, públicas, sociedades de economia mista, órgãos da administração direta e indireta, instituições beneficentes, associações recreativas, cooperativas, bem como outras instituições que admitam trabalhadores como empregados (BRASIL, 1978a).

Constatada a irregularidade, o valor da multa é calculado consultando o Anexo II da NR 28 para identificar o número da infração no quadro de penalidades da NR 5 referente ao item 5.2 (Tabela 4.3). A seguir, identifica-se o código e o grau da infração para, então, fazer o cruzamento das informações na Tabela 4.1.

Tabela 4.3 》 Item 5.2 do Anexo II da NR 28

NR 5 (205.000-5)		
Item/subitem	Código	Infração
5.2	205.001-3	4
5.6	205.067-6	3

O próximo passo para encontrar o valor da multa imposta pelo auditor fiscal consiste em multiplicar o valor mínimo da penalidade (5.491) pelo valor da UFIR (1,0641), o que perfaz um total de R$ 5.842,97. Se o cálculo fosse feito multiplicando o valor máximo, a multa seria de R$ 6.419,71.

O valor mínimo da infração é 5.491 UFIR, e o máximo, 6.033 UFIR. O valor da UFIR congelou depois de 2000 por força do § 3º do artigo 29 da Medida Provisória nº 2.095/76. Seu valor foi fixado em R$ 1,0641 e vigora desde então.

Estabelecido o valor da multa, existem duas alternativas:

- pagar a multa e solucionar os problemas apontados; ou
- recorrer da multa apresentando as soluções dos problemas indicados pelo auditor fiscal.

A lei garante ao empregador amplo direito de defesa mediante requerimento à autoridade competente (Delegacia Regional do Trabalho - DRT) no prazo de 10 dias. A decisão, quando desfavorável

> **》 PARA SABER MAIS**
> Leia a NR 5 na íntegra acessando o ambiente virtual de aprendizagem Tekne.

> **》 NO SITE**
> Acesse o ambiente virtual de aprendizagem Tekne para conhecer as alterações no valor da UFIR entre os anos de 1995 e 2000.

ao empregador, também é passível de recurso ao diretor-geral do Departamento do Ministério do Trabalho, também no prazo de 10 dias após a notificação do indeferimento da defesa. Para recorrer, é necessário recolher multa aos cofres públicos.

» Agora é a sua vez!

1. Entre em contato com uma empresa com a qual você se relaciona e proponha simular uma visita da fiscalização.

2. Adote os procedimentos de fiscalização indicados no capítulo sobre aspectos pertinentes à segurança do trabalho e à medicina do trabalho.

3. Faça um relatório sobre suas observações, calcule o valor das multas sobre as irregularidades encontradas e entregue o relatório à empresa.

4. Agende uma reunião para esclarecer os pontos observados.

capítulo 5

O ambiente de trabalho e o trabalhador

O ambiente de trabalho exerce grande influência sobre a qualidade de vida do trabalhador. Aspectos como iluminação, temperatura e nível de ruído precisam ser controlados a fim de não trazer consequências nocivas à saúde. Neste capítulo, abordaremos os fatores que influenciam o ambiente de trabalho e os métodos utilizados para verificar se as condições apresentadas pelo ambiente de trabalho estão de acordo com a legislação vigente.

Objetivos de aprendizagem

» Relacionar meio ambiente e ambiente de trabalho.

» Identificar os principais fatores que influenciam o ambiente de trabalho e a saúde do trabalhador.

» Reconhecer os métodos utilizados para verificar as condições existentes no ambiente de trabalho de acordo com as normas e a legislação vigentes.

Para começar

O trabalhador se expõe diariamente por longas horas às condições do ambiente de seu local de trabalho e é constantemente atingido pelos efeitos gerados pelo processo produtivo, pois interage de modo direto com as tecnologias e os recursos utilizados para produzir. Por esse motivo, a busca por um ambiente de trabalho adequado às atividades realizadas pelos trabalhadores deve ser o objetivo de todas as empresas.

> **IMPORTANTE**
> A responsabilidade compartilhada entre a empresa e os profissionais de saúde e segurança do trabalho é um fator crítico de sucesso na busca de melhorias no ambiente de trabalho.

> **PARA SABER MAIS**
> Acesse o ambiente virtual de aprendizagem Tekne (www.grupoa.com.br/tekne) para ler na íntegra o texto da NR 25.

As empresas precisam produzir com qualidade e eficiência para cumprir seu papel na atual economia globalizada, em que a enorme competitividade tem dificultado cada vez mais a obtenção de resultados que garantam o retorno do capital investido. A legislação do Brasil tem acompanhado esse cenário e orientado as empresas para a busca da sustentabilidade, mas ainda existe muito a ser feito. É necessário que a mentalidade empresarial passe por mudanças que beneficiem o ambiente do trabalho e possibilitem avaliações, correções, controle e ações preventivas intensas em benefício da saúde do trabalhador, conceitos já implícitos na legislação.

Considerando a influência do meio ambiente na saúde e na segurança do trabalho, os profissionais dessa área devem aprimorar constantemente seus conhecimentos para atuar com eficiência. O conhecimento da legislação do trabalho e do meio ambiente proporciona a esse profissional condições de realizar seu trabalho e propor soluções para as situações nas quais há risco para o trabalhador.

A NR 25 atribuiu aos profissionais de saúde e segurança do trabalho grandes responsabilidades quanto ao destino dos resíduos industriais e ao contato do trabalhador com esses resíduos, sejam eles sólidos, líquidos ou gasosos. Ela complementou os preceitos contidos nas NRs 7 e 9, que buscam minimizar os efeitos causados pelos riscos ambientais na atividade laboral (BRASIL, 1978a).

Na interpretação atual, o ambiente de trabalho estende-se para além das paredes da fábrica, e engloba o meio ambiente do local em que o trabalhador reside e convive com sua família e com a sociedade.

O meio ambiente

A Organização das Nações Unidas (ONU) considera que o meio ambiente é formado pelo "[...] conjunto de componentes físicos, químicos, biológicos e sociais capazes de causar efeitos diretos ou indiretos, em um prazo curto ou longo, sobre os seres vivos e as atividades humanas." (ORGANIZAÇÃO DAS NAÇÕES UNIDAS, 1972). Por representar quase todos os países e povos do planeta e saber que a maioria da população mundial vive em regiões urbanas, a ONU faz de sua definição uma espécie de alerta sobre os problemas gerados pela degradação do meio ambiental.

No Brasil, a Constituição Federal de 1988 refere-se ao meio ambiente no seu Capítulo VI - Do meio Ambiente, artigo 225. "Todos têm direito ao meio ambiente ecologicamente equilibrado, bem de uso comum do povo e essencial à sadia qualidade de vida, impondo-se ao Poder Público e à coletividade o dever de defendê-lo e preservá-lo para as presentes e futuras gerações." (BRASIL, 1988b).

O Brasil possui um Programa Nacional do Meio Ambiente (PNMA), e muitas ações são feitas por meio dele em benefício da sociedade. A lei ambiental brasileira é abrangente e as contempla temas como:

- meio ambiente e sustentabilidade, que busca a harmonia entre o meio ambiente e as pessoas, fornecendo informações, educação e esclarecimentos sobre os aspectos e as responsabilidades da sociedade com a vida no planeta;
- meio ambiente e reciclagem, que trata da importância da reciclagem do lixo para a sustentabilidade e a preservação de recursos naturais, evitando que materiais reaproveitáveis sejam descartados;
- meio ambiente e sociologia, que oferece a oportunidade de conhecimento do que afeta o indivíduo e do que o indivíduo é na sociedade em que vive, proporcionando mudanças de formas de pensar e adequação às necessidades coletivas.

Todas as ações que envolvem relações entre o homem e suas atividades econômicas e sociais são realizadas no meio ambiente em que ele e sua família vivem e, portanto, afetam a **ecologia**.

> **» PARA SABER MAIS**
> Para saber mais sobre o Programa Nacional do Meio Ambiente, acesse o ambiente virtual de aprendizagem Tekne.

> **» DEFINIÇÃO**
> Ecologia é a ciência que estuda os processos e as interações de todos os seres vivos entre si e destes com os aspectos morfológicos, químicos e físicos do ambiente, incluindo os aspectos humanos que interferem e interagem com os sistemas naturais do planeta (LIMA E SILVA, 2000).

» O ambiente de trabalho

O homem passa boa parte de sua vida trabalhando, geralmente exposto às condições do meio ambiente. Tais condições muitas vezes exigem intervenções para que as consequências dessa exposição sejam as menores possíveis. A legislação trabalhista trata dessa questão, e algumas condições ambientais são reguladas por meio de leis, portarias, normas regulamentadoras e critérios técnicos.

O meio ambiente onde é realizado o trabalho, uma preocupação constante das empresas e dos profissionais de saúde e segurança do trabalho, é monitorado pelas condições ambientais descritas a seguir.

» Iluminação

Iluminação é o nível de radiação detectada pelo olho. **A iluminação deve ser adequada às necessidades das tarefas desenvolvidas no ambiente e proporcionar conforto ao trabalhador**, permitindo que ele execute suas funções com qualidade e baixo risco de acidentes.

A iluminação pode ser:

> **IMPORTANTE**
> Um aspecto a ser considerado na escolha do tipo de iluminação é a idade dos trabalhadores, pois, quanto maior a faixa etária, maior o nível de iluminação exigido no local de trabalho.

- **natural**, obtida pela luz solar por meio de vidraças, portas, janelas e telhas transparentes ou translúcidas ou elementos estruturais criados na construção do edifício;
- **artificial**, obtida pelo uso de lâmpadas elétricas (fluorescentes, incandescentes, de vapor metálico, *leds*) ou por equipamentos acionados por combustíveis (gás, querosene). A iluminação artificial pode ser de caráter geral (ilumina todo o ambiente) ou de caráter suplementar (dedicada exclusivamente ao posto de trabalho).

>> Trocas térmicas

A temperatura do ambiente de trabalho é influenciada por diversos fatores, como o calor gerado por equipamentos, pelo clima e pelo corpo humano. A exposição ao calor ou à baixa temperatura afeta significativamente a capacidade laboral do trabalhador, e os fatores que contribuem para a troca de calor entre o ambiente de trabalho e o corpo são descritos a seguir.

Temperatura do ar: Sua influência pode ser avaliada pela observação da variação entre a temperatura do ambiente e a da pele do trabalhador. A troca térmica ocorre por **condução-convecção**.

> **PARA SABER MAIS**
> Para conhecer as normas regulamentadoras que tratam das condições ambientais de iluminação, acesse o ambiente virtual de aprendizagem Tekne.

>> DEFINIÇÃO

Condução é a transferência de calor que ocorre quando dois corpos estáticos com diferentes temperaturas são colocados em contato. O calor do corpo de maior temperatura se transfere para o de menor temperatura até ambos atingirem o equilíbrio térmico.

Convecção é a forma de transmissão do calor que ocorre principalmente nos fluidos (líquidos e gases). Diferentemente da condução, onde o calor é transmitido de átomo a átomo sucessivamente, na convecção a propagação do calor se dá através do movimento do fluido envolvendo transporte de matéria.

Umidade relativa do ar: A troca térmica entre o organismo e o meio ambiente acontece pelo fenômeno físico da **evaporação**. Quando a umidade relativa do ar é elevada, ocorre menor perda de calor do corpo.

Velocidade do ar: Altera as trocas de calor entre o organismo, pois influencia a temperatura e a umidade relativa do ar. Em um ambiente com temperatura elevada, o ar em movimento em temperatura menor que a do corpo humano provoca o resfriamento do organismo, e o ar em temperatura superior provoca o seu aquecimento. A velocidade do ar aumenta a perda de calor por evaporação.

> **DEFINIÇÃO**
> Evaporação é o fenômeno de passagem de um líquido para o estado gasoso mediante calor. Ocorre quando o elemento em estado líquido retira calor do elemento sólido, que perde calor para o meio ambiente por evaporação.

Quando o trabalhador está exposto a uma ou várias fontes de calor, ocorrem trocas térmicas entre o ambiente e o organismo (Figura 5.1). Para controlar a temperatura do local de trabalho, algumas medidas são recomendadas (Tabela 5.1).

Figura 5.1 Trocas de calor.
Fonte: Tomwang112/iStock/Thinkstock.

> » **DEFINIÇÃO**
> Calor radiante: Provoca aumento na temperatura do organismo humano quando é proveniente de radiação infravermelha não controlada. O calor radiante deve ser medido por meio de aparelhos instalados nos postos de trabalho, levando em consideração as áreas do corpo mais expostas.

> » **DEFINIÇÃO**
> A radiação ocorre quando há transferência de calor sem suporte material. A energia radiante passa pelo ar sem aquecê-lo apreciavelmente e aquece a superfície atingida. A velocidade da energia radiante depende do meio.

Tabela 5.1 » **Medidas para o controle da temperatura no local de trabalho**

Medida recomendada	Fator alterado
Ventilar ar fresco no ambiente de trabalho	Temperatura do ar
Aumentar a circulação de ar no ambiente de trabalho	Velocidade do ar
Utilizar barreiras refletoras (alumínio polido, aço inoxidável) ou absorventes da radiação infravermelha entre a fonte e o trabalhador (ferro ou aço oxidado)	Calor radiante
Usar exaustores de vapores gerados pelo processo produtivo	Umidade relativa do ar
Automatizar processos que exigem muito esforço físico	Calor produzido pelo corpo humano

Fonte: Adaptada de Amaral (2012).

O corpo humano produz calor conforme o esforço físico realizado. Quanto maior o esforço, maior a quantidade de calor produzido. Para estabelecer os níveis de trocas térmicas que ocorrem no ambiente de trabalho em virtude da temperatura do ar, da umidade do ar, da velocidade do ar, do calor radiante e do tipo de atividade, são utilizados métodos fisiológicos e métodos instrumentais.

Os **métodos fisiológicos** (empíricos) baseiam-se em estudos realizados com grupos de pessoas (grupos de controle). A partir da análise dos dados estatísticos obtidos, são construídos gráficos e tabelas que são utilizados como base para avaliação do problema. Já os **métodos instrumentais** são procedimentos que buscam um modelo físico/matemático que se assemelhe às condições a que estariam sujeitos os trabalhadores quando expostos aos fatores do ambiente que influenciam a sobrecarga térmica.

A seguir, são apresentados os índices comumente utilizados para estabelecer os níveis de trocas térmicas.

>> Temperatura efetiva

A temperatura efetiva (TE) é um método fisiológico e, para conhecê-la, é preciso estabelecer um padrão de referência. Por exemplo, as condições de temperatura do ar de 20 °C com umidade relativa de 100%, sem movimentação de ar (V = 0 m/s), correspondem a uma temperatura efetiva de 20 °C. Usando esse dado como padrão (obtido subjetivamente), é possível verificar outras temperaturas com umidades relativas diferentes que provoquem as mesmas sensações de calor que a temperatura efetiva de 20 °C. O índice de temperatura efetiva é adotado como parâmetro na determinação de conforto térmico (NR 17, item 17.5.2, alínea "b") (BRASIL, 1978a).

>> CURIOSIDADE

O índice de temperatura efetiva foi inicialmente proposto em 1923 pela American Society of Heating and Ventilating Engineers (ASVHE). Concebido a princípio como um critério de avaliação de conforto térmico, esse método baseia-se no estudo das respostas de grandes conjuntos de pessoas que trabalham em ambientes com diferentes combinações de temperatura, umidade e movimentação de ar. A ideia fundamental do método é reunir, em um único índice, todas as condições climáticas que produzem uma mesma ação fisiológica.

>> **DEFINIÇÃO**
Uma carta psicrométrica geralmente baseia-se na pressão atmosférica ao nível do mar, que é de 101,325 kPa, e pode ser usada sem correção até 300 m de altitude. É uma excelente ferramenta de trabalho para analisar a temperatura efetiva.

Para obter o índice de temperatura efetiva, usa-se um **gráfico** ábaco, que permite calcular a temperatura que o ser humano realmente sente, conforme estabelece a NR 17 (BRASIL, 1978a). O gráfico ábaco é uma **carta psicrométrica** que representa graficamente as evoluções do ar úmido. Cada ponto da carta representa uma combinação de ar seco e vapor d'água.

Para fazer o cálculo, basta usar a temperatura de bulbo seco (TBS) e a temperatura de bulbo úmido (TBU) e traçar uma reta ligando os dois valores. Na intersecção da reta resultante com a curva da velocidade do ar, obtém-se a temperatura efetiva ou temperatura de sensação térmica (Figura 5.2).

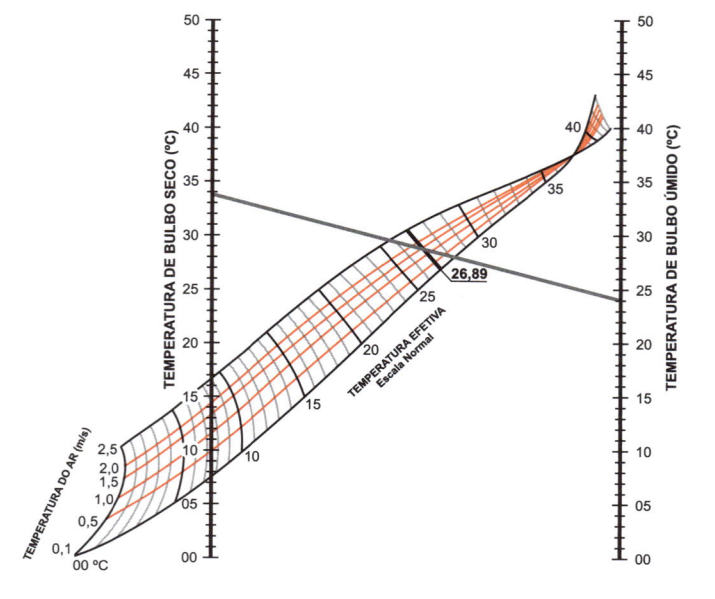

Figura 5.2 Ábaco de temperatura efetiva.
Fonte: Ábaco... (20--?).

❯❯ Temperatura efetiva corrigida

A temperatura efetiva corrigida (TEC) é uma medida um pouco mais precisa que a TE, pois considera o calor radiante. Utiliza-se a temperatura de bulbo seco, temperatura de bulbo úmido, temperatura de globo (TG) e velocidade do ar.

Para o cálculo da temperatura efetiva corrigida, utiliza-se o ábaco da temperatura efetiva substituindo o valor de temperatura da ar pela temperatura de globo e a temperatura de bulbo úmido pelo seu valor corrigido.

Cálculo da temperatura efetiva corrigida

a) Em uma carta psicrométrica, determine o valor da umidade relativa do ar (UR) utilizando o valor de TBS e TBU.

b) Mantenha a UR constante e entre com o novo valor de temperatura do ar dado pela TG, para obter o valor corrigido do termômetro de bulbo úmido natural (TBN), que deverá, então, ser utilizado no ábaco de temperatura efetiva.

c) Com os valores de TG, TBU corrigida e velocidade do ar, determine a temperatura efetiva corrigida.

Exemplo de cálculo da temperatura efetiva corrigida*

a) Incluindo na carta psicrométrica os valores (TBS = 90 °F, TBU = 72 °F), obtém-se a UR, que é de 40%. Mantendo constante o valor da UR e incluindo o valor de TG (no lugar de TBS), obtém-se o valor da TBU corrigida.

> UR = 40% TG = 107 °F $\Rightarrow$ TBU corrigida = 840 °F

b) Entrando com o valor de TG e TBU corrigida no ábaco de temperatura efetiva, obtém-se a temperatura efetiva corrigida.

> TG = 107 °F TBU corrigida = 840 °F $\Rightarrow$ TEC = 89 °F

*Exemplo criado a partir dos seguintes dados iniciais: TBS, 90 °F; TBU, 72 °F; V, 200 pés/min; TG, 107 °F.

Os parâmetros de comparação para temperatura efetiva e efetiva corrigida descritos a seguir são estabelecidos pela NR 17 (BRASIL, 1978a) para efeito de conforto térmico.

Índice de sobrecarga térmica (IST): O critério mais utilizado para cálculo é o de Belding e Hatch, desenvolvido em 1955 para determinar o nível de estresse térmico ao qual uma pessoa está exposta. O índice considera as condições ambientais e as características da atividade exercida pelo trabalhador.

> ❯❯ **DICA**
> Para converter °F em °C, utilize a seguinte fórmula:
> °C = (°F - 32) / 1,8.

> **IMPORTANTE**
> A capacidade máxima de sudorese de um indivíduo é estimada em 390 W/m². Se o valor obtido superar o valor estimado, deve-se considerar sempre $E_{max} = 390$ W/m².

> **NO SITE**
> O índice WBGT pode ser obtido na norma ISO 7243:89, disponível no ambiente virtual de aprendizagem Tekne.

O IST é obtido pela seguinte fórmula:

$$IST = (E_{req} / E_{max}) \times 100$$

Onde E_{req} é a evaporação requerida para recuperar o equilíbrio térmico, ou seja, a quantidade de calor que o organismo necessita dissipar por evaporação (Tabela 5.2), e E_{max} é a quantidade máxima que o organismo pode dissipar por evaporação quando o corpo está completamente molhado e à temperatura de 35 °C.

Tabela 5.2 » Cálculo para recuperar o equilíbrio térmico

$E_{req} = M \pm R \pm C$ (W/m2)* *W índice WBGT	**M** - Calor metabólico gerado pela pessoa (W/m²)
	R - Calor perdido ou ganho por radiação (W/m²) $R = K2 \cdot (TRM - 35)$ TRM = Temperatura radiante média (°C)
	C - Calor perdido ou ganho por convecção térmica (W/m²) $C = K3 \cdot v_a^{0,6} \cdot (t_a - 35)$ t_a: temperatura do ar (°C) v_a: velocidade do ar (m/s)

A Tabela 5.3 apresenta o valor das constantes de acordo com sua indumentária (clo), que é utilizado para avaliar o isolamento de uma pessoa contra intempéries.

Tabela 5.3 » Valor das constantes de acordo com a indumentária

Constante	Pessoa vestida (0,6 clo)	Pessoa nua (0 clo)
K1	7,0	11,7
K2	4,4	7,3
K3	4,6	7,6

Fonte: Edicions UPC (1999).

Um índice de **IST igual a 100** indica a sobrecarga térmica máxima permissível diariamente para homens jovens, adaptados e aclimatados ao trabalho. Um índice de **IST superior a 100** indica que existe desequilíbrio no balanço térmico que ocasiona sudorese em excesso. Neste caso o trabalhador não pode ficar exposto ao calor durante 8 horas diárias de trabalho, pois sofrerá efeitos adversos à saúde.

Tabela 5.4 » Condição ambiental e as consequências da sobrecarga calórica

Índice de sobrecarga calórica (ISC)	Condição ambiental	Consequências da exposição à sobrecarga calórica durante 8 horas
> 100	Crítica	Ocorrem prejuízos à saúde do trabalhador, sendo obrigatório estabelecer períodos de trabalho e descanso.
100	Máxima	Permitida somente para homens jovens e aclimatados. Para recuperar o equilíbrio, é preciso haver períodos de descanso obrigatório.
90, 80, 70	Muito severa (grave)	Poucas pessoas estão qualificadas para exercerem atividades nesta condição. A seleção do pessoal tem de ser feita com base em exames médicos e no trabalho (transaclimatação). O trabalhador precisa ser suprido regularmente com água e sal. EPIs e processos automatizados devem ser implementados e melhorados constantemente.
60, 50, 40	Severa	Ameaça à saúde. As pessoas precisam estar em bom estado de saúde e previamente aclimatadas. Não indicado para portadores de problemas cardiovasculares, respiratórios e dermatites. Há diminuição do rendimento no trabalho que exige esforço físico e intelectual.
30, 20, 10	Moderada, leve, suave	Ocorre uma pequena diminuição na capacidade de desempenhar tarefas físicas pesadas e uma diminuição de desempenho nas atividades intelectuais.
0	Conforto térmico	Não há tensão ou sobrecarga térmica.
-10 e -20	Frio brando	Sobrecarga leve por frio. Condição existente nas áreas em que as pessoas se recuperam da exposição ao calor.

Temperatura de globo úmido (TGU): É obtida com o termômetro de globo úmido (*botsball*), que permite obter o ISC com uma única leitura feita diretamente na escala do mostrador cinco minutos após a estabilização. É excelente para a avaliação do calor intenso. A leitura obtida deve ser comparada com os limites máximos a que pode estar exposto um trabalhador em função com diferentes regimes de trabalho e tipos de atividade.

Índice de bulbo úmido – termômetro de globo (IBUTG): Permite o cálculo de períodos adequados de trabalho e descanso de acordo com os limites estabelecidos na legislação. O cálculo é feito considerando se o ambiente de trabalho é interno ou externo e se possui ou não incidência de carga solar no momento da medição. Esse método elimina o problema de obter velocidades médias do ar.

> **» ATENÇÃO**
> Quando o IST é maior que 100, ocorrem prejuízos à saúde do trabalhador, sendo obrigatório estabelecer os períodos de trabalho e descanso.

> **» NO SITE**
> Todos os parâmetros necessários para realizar os cálculos apresentados neste capítulo estão estabelecidos no Anexo 3 – Limites de tolerância para exposição ao calor da NR 15 –, disponível no ambiente virtual de aprendizagem Tekne.

» Ruídos e vibrações sonoras

Um som indesejável é geralmente chamado ruído. As vibrações sonoras compõem o som que se ouve na faixa de frequência de 20 a 20.000 Hz. Fora dessa faixa, nossos ouvidos não conseguem perceber o som. As frequências mais elevadas são mais perigosas do que as mais baixas.

No ambiente de trabalho são considerados e medidos os seguintes tipos de ruídos:

- ruído constante (permanece estável com variações máximas de 5 dB durante um longo período);
- ruído intermitente (ruído constante que começa e para alternadamente);
- ruído flutuante (varia em largas proporções, mas possui um valor médio constante em um longo período);
- ruído impulsivo (dura menos que um segundo em intervalos superiores a um segundo);
- ruído de fundo (deve ser pelo menos 10 dB inferior ao ruído emitido pela fonte estudada para que a medição seja correta, sendo, neste caso, a precisão da ordem de 0,5 dB).

A seguir são descritos os aspectos considerados na medição dos ruídos provenientes de uma única fonte.

Campo próximo: A medição é feita muito próxima da fonte sonora. O nível de poluição sonora (NPS) pode variar significativamente com algum deslocamento do ponto de medição. Neste caso, o afastamento do ponto de medição é inferior ao comprimento de onda da frequência mais baixa emitida pela fonte ou inferior a duas vezes a maior dimensão da fonte sonora.

Campo reverberante: A medição realizada a uma distância considerada da fonte pode captar e medir os ecos do ruído das paredes e outros elementos presentes no ambiente e tornar a medição impossível ou incorreta.

Campo livre: Distância entre o campo reverberante e o campo próximo, onde o NPS diminui de 5 a 6 dB com o dobro da distância à fonte. Essa zona é a indicada para fazer as medições.

A soma dos níveis sonoros iguais emitidos por várias fontes pode ser obtida com a aplicação da fórmula:

$$L_{total} = L + 10 \log n$$

onde L é o nível sonoro de uma fonte sonora e n é o número de fontes sonoras com o mesmo nível sonoro. Log é o logaritmo de n na base 10.

O ambiente de trabalho e sua influência sobre a saúde sempre deve ser considerado um fator importante para a qualidade de vida do trabalhador, pois também provoca alterações psicológicas e comportamentais. Essas alterações podem não ser visíveis, mas existem e devem ser prevenidas.

>> **DEFINIÇÃO**
Som é o movimento de uma onda que se produz quando uma fonte sonora põe em oscilação as partículas de ar mais próximas. O movimento transmite-se gradualmente às partículas de ar cada vez mais afastadas.

>> **CURIOSIDADE**
No ar, o som propaga-se a uma velocidade de aproximadamente 340 m/s; na água, a 150 m/s; e no aço, a 500 m/s.

>> **PARA SABER MAIS**
Para conhecer os limites de tolerância para ruído contínuo ou intermitente e da tolerância para ruído de impacto, leia os Anexos 1 e 2 da NR 15, disponíveis no ambiente virtual de aprendizagem Tekne.

>> Agora é a sua vez!

Compare os dados anteriormente apurados em um PPRA e em um PCMSO com a situação existente no ambiente de trabalho de uma empresa adotando os seguintes procedimentos:

1. Obtenha cópias do PPRA e do PCMSO.
2. Leia os documentos e verifique como foram calculados e estabelecidos os índices de tolerância e as recomendações feitas.
3. Dirija-se ao ambiente de trabalho e confirme as informações do documento com as condições ambientais existentes.
4. Para dirimir dúvidas entre os documentos e a realidade constatada, faça as medições e os cálculos necessários.
5. Havendo divergências, entre em contato com os responsáveis pela área de SST e apresente os resultados que obteve.

capítulo 6

Ergonomia

Este capítulo aborda a importância da ergonomia, área da ciência econômica que estuda a relação do homem com o ambiente de trabalho, com a finalidade de proporcionar conforto ao trabalhador e evitar que ele desenvolva doenças decorrentes de suas atividades profissionais. São apresentadas as leis e normas que tratam desse tema, bem como os principais aspectos da ergonomia relacionados à segurança do trabalho.

Objetivos de aprendizagem

» Aplicar os conceitos da ergonomia e compreender sua importância nas atividades laborais.

» Interpretar a legislação e as normas que tratam da ergonomia no trabalho.

» Reconhecer os principais aspectos ergonômicos considerados para a segurança do trabalho.

>> Para começar

Os estudiosos da ergonomia consideram que o homem deve estar perfeitamente adaptado ao ambiente de trabalho e que, trabalhando ou descansando, precisa gozar de conforto para produzir mais, correr menos riscos e estar satisfeito. Quando isso não ocorre, o trabalhador fica sujeito a riscos físicos e mentais. Para cada tipo de atividade desenvolvida nas empresas pelos trabalhadores, existem recomendações ergonômicas específicas, acompanhadas de procedimentos técnicos, ajustes, equipamentos, ventilação, iluminação e requisitos que visam a proporcionar condições de um desempenho rentável de suas atividades.

Para oferecer ao trabalhador todas as condições recomendadas, a ciência ergonômica utiliza conhecimentos provenientes das áreas que estudam o corpo humano, como anatomia, fisiologia, antropometria, psicologia e medicina. A física e a engenharia também contribuem para a ergonomia, pois é por meio dessas ciências que são desenvolvidos equipamentos adaptados ao ser humano e técnicas que minimizam os esforços laborais. Todas as atividades laborais fazem parte do escopo de atuação da ergonomia, sendo, portanto, consideradas pertencentes à macroergonomia, ou ergonomia organizacional, área responsável pela maximização de resultados dos trabalhos realizados nos processos empresariais.

>> CURIOSIDADE

O termo ergonomia deriva do grego *ergon*, que significa trabalho, e de *nomos*, que significa leis ou normas. Com o mesmo significado, o termo fatores humanos (do inglês *human factors*) é utilizado para definir procedimentos de trabalho nas diversas áreas da economia de produção.

As políticas empresariais e a estrutura organizacional também são influenciadas pelas atividades que buscam melhorias ergonômicas. Aspectos como a programação de trabalhos, os horários, o autogerenciamento de equipes, as células de produção e a gestão devem ser definidos considerando as normas e o conceito ético vigente na empresa para que ela alcance seus objetivos.

Os trabalhadores percebem os esforços em prol da ergonomia laboral e cognitivamente desenvolvem atenção e adequam-se psicologicamente às necessidades impostas. Trata-se de um processo de construção mental de uma situação ou estado ideal guiado pela engenharia psicológica. A finalidade de avaliar frequentemente a carga mental de trabalho é verificar a influência delas sobre as habilidades e atitudes dos trabalhadores. As avaliações são realizadas com base nos sintomas apresentados e percebidos pela área de saúde e segurança da empresa.

» Análise ergonômica do posto de trabalho

As melhorias ergonômicas geralmente são propostas após a realização da análise ergonômica do trabalho prevista no item 17.1.2 da NR 17 (BRASIL, 1978a). Essa análise é formalizada em um laudo ergonômico que aponta os **riscos ergonômicos** inerentes à área de trabalho, bem como providências para minimizar os riscos ergonômicos apontados.

Existem dois tipos de abordagem para a realização da análise ergonômica do trabalho, descritos a seguir.

Abordagem tradicional: Tem como base o estudo dos movimentos corporais do ser humano necessários para executar uma tarefa e o tempo gasto em cada um desses movimentos. Os movimentos executados sequencialmente devem ser feitos no menor tempo e com o menor número de movimentos possível (economia de movimentos). Geralmente é feito um ensaio laboratorial (simulação) do que acontecerá no posto de trabalho, e os ajustes de tempo e posição de ferramentas e equipamentos são feitos por analistas de processos e métodos de trabalho.

Abordagem ergonômica: Tem como foco o trabalho realizado por uma pessoa, em uma situação em que a pessoa, as máquinas, os equipamentos e as ferramentas são tratados de maneira uniforme, como um conjunto no qual cada parte contribui para uma perfeita integração. Para realizar a análise ergonômica de um **posto de trabalho**, é preciso conhecer o comportamento do profissional enquanto realiza suas atividades, buscando obter sua colaboração e informando sobre as responsabilidades dele em relação ao resultado da análise.

A análise ergonômica dos postos de trabalho deve ter limites e prazos estabelecidos para ser realizada de acordo com a complexidade do problema equacionado, de forma que os resultados dos estudos atendam às exigências formuladas pelo demandante. As demandas de análise ergonômica podem ser geradas de quatro formas:

- pela direção da empresa, por meio de documentos indicando o que precisa ser analisado;
- por trabalhadores que sentem necessidade de melhorias nos postos de trabalho;
- pelo sindicato da categoria, quando houver denúncias, reclamações e constatações de problemas ergonômicos não solucionados pela empresa;
- pela fiscalização do trabalho, caso tenham sido identificadas situações de risco à saúde do trabalhador.

» **NO SITE**
Leia na íntegra o texto da NR 17 acessando o ambiente virtual de aprendizagem Tekne: www.grupoa.com.br/tekne.

» **DEFINIÇÃO**
Riscos ergonômicos são fatores que podem prejudicar os trabalhadores física ou psicologicamente por meio de doenças ou desconforto. Tais fatores podem estar relacionados a problemas como estresse, monotonia de métodos de trabalho, longas horas de trabalho sem pausas para descanso, entre outros.

» **DEFINIÇÃO**
Posto de trabalho é um local situado em um sistema de produção que tem suas funções pré-definidas. O ocupante do posto de trabalho está sujeito a seguir instruções e procedimentos (o que fazer, quando fazer e como fazer) e meios (onde fazer, com que fazer).

A seguir, são detalhadas as três etapas da análise ergonômica de um posto de trabalho.

❯❯ Análise da demanda

A análise da demanda é feita para definir o problema a ser estudado a partir do ponto de vista dos diversos participantes e interessados envolvidos. Os dados coletados nessa etapa, após analisados, servirão de base hipotética para a etapa seguinte. As hipóteses formuladas podem referir-se a ideias concebidas preliminarmente, a todo o processo analisado e/ou ao comportamento do trabalhador no desenvolvimento das atividades e tarefas.

Por meio dos resultados obtidos e relatados ao demandante, a análise da demanda possibilita a realização de um plano de intervenção ergonômica com base em recomendações ergonômicas para um novo posto, a identificação de problemas ergonômicos em postos de trabalho existentes e a operação de mudanças de condições ergonômicas no posto de trabalho em razão de alterações organizacionais ou troca de equipamentos.

> **❯❯ IMPORTANTE**
> Para realizar a análise ergonômica da demanda, é preciso delimitar os problemas que serão abordados nos postos de trabalho e estabelecer um cronograma de trabalho e de custos. Também é preciso que o analista seja autorizado a acessar as diversas áreas da empresa para obter dados e informações.

❯❯ Análise da tarefa

A análise da **tarefa** é feita considerando as condições ambientais, técnicas e organizacionais de trabalho. Os dados coletados e analisados nesta etapa compreendem também os coletados na etapa anterior e servirão como fonte de hipóteses para a próxima.

Ao realizar a análise da tarefa sob o enfoque ergonômico, deve-se estabelecer se se trata de uma tarefa prescrita, induzida ou redefinida ou se houve atualização da tarefa em razão de modificações ambientais ou tecnológicas. A análise precisa considerar a delimitação da capacidade humana para sua realização (sistema humano-tarefa).

A delimitação do sistema humano-tarefa deve fazer parte de qualquer nível de sistema de produção, seja ele um único posto de trabalho ou um complexo industrial. Essa delimitação passa pela definição da missão do sistema produtivo, de seu perfil e da identificação e descrição das funções do sistema e de seus subsistemas.

> **❯❯ DEFINIÇÃO**
> Uma tarefa é um trabalho determinado para ser realizado em um ambiente de acordo com a sua estrutura e as normas técnicas estabelecidas.

❯❯ IMPORTANTE

Para delimitar o sistema humano-tarefa, identificamos as exigências da tarefa, o tipo de intervenção ergonômica necessária e as áreas envolvidas com a tarefa. Para tanto, precisamos conhecer os macroprocessos da empresa e a forma como eles são realizados. Os dados necessários são obtidos por meio de enquetes, questionários, entrevistas ou observações no posto de trabalho quanto aos movimentos e às posturas do trabalhador. As disfunções apuradas devem ser anotadas como pontos de atenção.

As tarefas executadas pelos trabalhadores nos postos de trabalho requerem prévio treinamento e qualificação para que eles saibam exatamente o papel a desempenhar, sendo necessário verificar se essa premissa foi atendida. Como o posto de trabalho pode operar com um ou mais trabalhadores incumbidos de diversas tarefas que se complementam, são verificadas a divisão de tarefas existente, sua sequência e as regras sob as quais as tarefas são conduzidas.

Ainda sobre o trabalhador, é fundamental identificar suas características pessoais, como idade e sexo, e obter informações junto à área de recursos humanos sobre aspectos como forma de admissão, remuneração, estabilidade no posto e na empresa, absenteísmo, *turn-over* e sindicalização, entre outros. Quando a empresa trabalha em turnos, é necessário verificar quais trabalhadores exercem as mesmas funções nos postos de trabalho e como são montadas as escalas de horários, folgas e supervisão.

Todas as atividades produtivas exigem comunicação entre os envolvidos nos processos realizados nos postos de trabalho, sendo necessário entender como está montada a estrutura de comunicação entre eles. O processo de comunicação utilizado pelos trabalhadores nos postos de trabalho durante a execução das tarefas precisa ser claro e padronizado para que todos o entendam, seja ele informal, codificado, verbal ou escrito.

O ser humano não é uma máquina e, portanto, não se comporta sempre da mesma forma. Assim, é necessário observar as ações individuais em relação a aspectos como imprevisibilidade, gestos, posturas corporais, deslocamentos, interpretação de sinais e mensagens, relacionamentos, operações de equipamentos e manuseio de ferramentas, e outros comportamentos, tanto na entrada como na saída do posto de serviço.

Em relação às máquinas, é preciso buscar informações técnicas sobre sua capacidade, manutenção, estrutura, dimensões e comando, sendo ideal obter um catálogo do fabricante. Recomenda-se fotografar cada uma das máquinas e o local em que estão instaladas, bem como verificar aspectos complementares, como sinalizações existentes (visuais, auditivas, ativas e passivas) cores, textos, advertências, etc.

Deve-se estudar o processo de entrada de matérias-primas, materiais, componentes e produtos semiacabados na linha de produção para apurar se existem aspectos ergonômicos que possam ser melhorados ou automatizados. O tipo de energia (elétrica, mecânica, gás natural) utilizado nesses processos e as informações sobre a produção precisam ser verificados para estabelecer os riscos existentes nestas tarefas. Também é importante prestar atenção à saída dos produtos que passaram pelos postos de serviços, tanto em relação aos aspectos técnicos quanto em relação à qualidade e à quantidade.

Por fazer parte da área produtiva da empresa, o posto de trabalho tem de ser analisado previamente com relação a aspectos como espaço de trabalho, temperatura, acústica, luminosidade, vibrações e qualidade do ar. A gestão das funções dos diferentes postos de trabalho e o *layout* das máquinas e das áreas de circulação precisam ser encaminhados conjuntamente, sendo recomendável obter um desenho contendo os dados pertinentes às condições existentes.

As normas estabelecidas para cada função de produção fazem parte do sistema humano-tarefa e devem ser seguidas nos postos de trabalho para que as atribuições de funções ao trabalhador e às máquinas fiquem claras. As normas de produção são estabelecidas para atender às funções do sistema de produção, conforme apresentado no Quadro 6.1.

> **NO SITE**
> Assista a um vídeo produzido pela UNINDUSTRIA sobre a importância da ergonomia para a redução dos afastamentos em postos de trabalho, disponível no ambiente virtual de aprendizagem.

Quadro 6.1 » Funções e normas básicas do sistema de produção

Funções do sistema de produção	Normas de produção
• Sistema geral • Sistema de produção considerado • Sistemas de entradas e saídas • Conexões e relação do sistema de produção	Normas de ação, intervenção corretiva ou de retificação Normas de rendimento, de tempo e de qualidade do trabalho Normas de arranjo físico do posto de trabalho Normas do bom relacionamento hierárquico e funcional

Fonte: Adaptado pelo autor com base em Ormelez e Ulbricht (2010).

» Análise das atividades

A análise das atividades é feita com foco no comportamento do trabalhador (gestos, comunicação e informação, aspectos regulatórios), conforme as regras, as leis, as praxes, a natureza e a cognição (processo de aquisição de conhecimento). Os dados coletados e analisados são fonte de hipóteses para formar o diagnóstico da situação de trabalho que será utilizado na elaboração do laudo ergonômico e compreendem tanto os dados coletados nas etapas anteriores quanto os coletados especificamente nesta etapa.

Para realizar a análise ergonômica das **atividades de trabalho**, é fundamental observar os comportamentos individuais existentes nos postos de trabalho. Para movimentar-se, o trabalhador utiliza suas capacidades físicas e suas funções fisiológicas amparadas por suas funções psicológicas.

Enquanto trabalha, o ser humano transforma sua energia biológica e mental em movimentos mecânicos, e a força gerada por seus músculos e seus pensamentos atuam na realização das atividades. Os modos operativos são a parte que conseguimos ver e, por consequência, avaliar (sensormotora), e a parte que não vemos (mental) envolve os processos cognitivos do indivíduo, responsáveis pelas sensações, percepções, memórias, competências e atitudes.

Para analisar as atividades ergonomicamente, é preciso utilizar **métodos** já desenvolvidos por ergonomistas, que envolvem a ciência ergonômica e as atividades motoras e mentais. A escolha do método é feita considerando o que está sendo analisado.

> **» DEFINIÇÃO**
> Atividade de trabalho é a mobilização total do indivíduo, em termos de comportamento, para realizar uma tarefa prescrita.

> **» DEFINIÇÃO**
> Método é um procedimento de busca de solução a problemas teóricos que geralmente parte de um conjunto formado por meios e procedimentos práticos que permitem dar conteúdo a um modelo.

» Diagnóstico ergonômico

Como em qualquer processo, o diagnóstico ergonômico é gerado após uma análise, sendo considerado como a conclusão dos estudos e a comprovação ou não das hipóteses levantadas no início dos trabalhos.

Para que o diagnóstico ergonômico seja o mais abrangente possível, é adotada uma visão ampla de tudo o que foi analisado, enfocando o comportamento do ser humano durante o trabalho e considerando o que participa e interfere nesse comportamento. A visão global dos fatos possibilita criar um modelo operativo que, transformado em processo, permite ajustes e correções.

Os principais aspectos que obrigatoriamente aparecem nos diagnósticos ergonômicos são as síndromes às quais os trabalhadores estão sujeitos em seus postos de trabalho (LER, DORT, etc.). Tais síndromes podem ter origens diversas, conforme detalhado a seguir.

Erros humanos: Ocorrem quando o trabalhador descumpre normas ou instruções transmitidas pelos representantes da empresa por não concordar com elas ou não aceitá-las (problema comportamental). Ocorrem também quando o trabalhador não recebe normas e instruções para a realização do trabalho e, em consequência disso, a produção não atinge o nível e a qualidade desejados (problema de gestão).

> **» DEFINIÇÃO**
> O diagnóstico é uma coletânea de observações que servirá de base para o laudo ergonômico.

» IMPORTANTE

Quando o erro é individual, a correção pode ser feita por meio de orientações e treinamentos que desenvolvam e capacitem o trabalhador. Quando o erro é coletivo, fica evidente a existência de erro no processo produtivo.

Incidentes críticos: Um incidente é constatado quando surge uma anomalia que reflete e repercute no trabalho individual ou coletivo. O incidente crítico pode ter origem em um erro humano ou conduzir a erros humanos, e precisa ser investigado dentro do sistema de produção. Saber se o incidente foi gerado no posto de trabalho ou se é consequência de processos executados anteriormente na empresa ou fora dela possibilita ao gestor tomar decisões e providências para evitar sua repetição.

Acidentes de trabalho: Precisam ser amplamente investigados, pois suas consequências refletem-se por toda a empresa. É aconselhado desenvolver análises das situações desencadeadoras de acidentes e implementar métodos preventivos.

Panes do sistema: Ocorrem nos equipamentos utilizados na produção e geram desconforto no trabalhador e nos representantes da empresa. Geralmente decorrem de problemas de manutenção ou operação. As panes do sistema comprometem a confiabilidade dos equipamentos e podem gerar desconfiança na capacidade do operador da máquina.

Defeitos de produção: São a causa de prejuízos na produção, comumente decorrentes de falhas nos processos, nos equipamentos e no operador (problema de qualidade). É necessário estudar e identificar as causas que geram os defeitos e implantar ações corretivas e preventivas.

Queda da produtividade: É reflexo de situações que estão afetando diretamente o trabalho e que podem estar relacionadas aos trabalhadores, aos equipamentos ou à empresa. É preciso identificar, por meio de estudos, pesquisas de clima e testes de produção, os fatores que influenciam a queda na produtividade e melhorar os processos produtivos mediante treinamentos, investimentos e incentivos.

» Laudo ergonômico

Após a realização do diagnóstico com precisão e técnica, elabora-se o laudo ergonômico, gerado com base na análise ergonômica e no diagnóstico ergonômico. O laudo ergonômico utiliza os dados e as informações desses processos para mostrar os riscos ergonômicos existentes no posto de trabalho. Os riscos ergonômicos descritos no laudo podem referir-se a objetos, ao posto de trabalho ou ao trabalhador.

O laudo ergonômico apresenta as necessidades de intervenções ou adaptações no ambiente de trabalho (laudo ergonômico do posto de trabalho), no mobiliário, nas máquinas, nos equipamentos e nas ferramentas (laudo ergonômico do objeto) ou nos processos de trabalho (laudo ergonômico funcional) para eliminar ou minimizar os riscos detectados especialmente nas atividades que podem provocar LER/DORT (lesão por esforço repetitivo/distúrbio osteomuscular relacionado ao trabalho). Ele deve ser elaborado pelo mesmo grupo de profissionais que realizou a análise ergonômica do trabalho (AET) e o diagnóstico ergonômico.

O laudo contempla todos os dados e materiais utilizados para amparar as recomendações e precisa ser assinado por um engenheiro de segurança do trabalho credenciado junto ao Conselho Regional de Engenharia. O laudo basicamente deve conter:

- o estudo detalhado dos processos utilizados no desenvolvimento das atividades;
- as avaliações qualitativa e quantitativa dos riscos ergonômicos;
- a avaliação do mobiliário e dos equipamentos frente às atividades (hora x homem x trabalho);
- a aferição e análise das condições ambientais dos locais de trabalho;
- a aferição e análise do psicobiofísico do operador;
- recomendações técnicas para melhoria das condições de trabalho;
- a implantação de medidas de controle;
- treinamentos e cursos sobre ergonomia;
- indicações de ginásticas e exercícios laborais.

O laudo ergonômico é reavaliado sempre que ocorrerem alterações nas condições ambientais, nos equipamentos e no *layout* da área e obrigatoriamente passa por revisão a cada 12 meses. Os laudos reavaliados e substituídos permanecem nos arquivos da empresa por um período de 20 anos.

» **DEFINIÇÃO**
O laudo ergonômico é um documento obrigatório a todas às empresas que possuem empregados cujas atividades ou operações impliquem riscos associados a esforços de levantamento, transporte e descarga individual de materiais, ou outros que exigem postura forçada e ainda esforços repetitivos (setores administrativos e produtivos) NR 17 (Lei nº 6.514/77 – Portaria nº 3.751/90) (BRASIL, 1977, 1990b).

» **NO SITE**
Assista a um vídeo sobre ergonomia produzido pelo programa Ligado em Saúde, disponível no ambiente virtual de aprendizagem Tekne.

>> Agora é a sua vez!

1. Entre em contato com a área de segurança do trabalho de uma empresa que você tenha acesso e obtenha cópias do PPRA, do PCMSO e do laudo ergonômico.

2. Faça a leitura dos documentos e constate se o laudo ergonômico possui os dados, as informações e as recomendações exigidos pela NR 17.

3. Anote as dúvidas e converse sobre suas observações com os membros da segurança do trabalho da empresa.

wwwo

>> **NO SITE**
No ambiente virtual de aprendizagem Tekne você encontra um manual de aplicação da NR 17.

capítulo 7

Gerenciamento de riscos

O gerenciamento de riscos é uma atividade desempenhada em todo o mundo e em todas as empresas organizadas a fim de avaliar e controlar os riscos por meio da formulação e implantação de medidas e procedimentos técnicos e administrativos. Este capítulo abordará o gerenciamento de riscos na área de segurança do trabalho, incluindo as metodologias e técnicas de análise de riscos e os diferentes tipos de risco a que o trabalhador pode estar exposto.

Objetivos de aprendizagem

» Conceituar riscos, análise de riscos e avaliação de riscos em segurança do trabalho.

» Aplicar as metodologias e técnicas de análise e avaliação de riscos.

» Conceituar riscos operacionais e ambientais e suas formas de tratamento.

» Compreender o que é o mapa de riscos, qual é sua finalidade e como deve ser desenvolvido.

Para começar

As empresas têm uma grande dúvida sobre qual caminho seguir quando se trata de riscos, pois os custos de controlar e de gerir os riscos são bem diferentes. As empresas organizadas conhecem bem essa diferença e optam geralmente pelo gerenciamento de riscos, pois ele garante melhores resultados no médio e longo prazo.

> **DEFINIÇÃO**
> Gerenciamento de riscos é o processo de planejar, organizar, dirigir e controlar os recursos humanos e materiais de uma organização, no sentido de minimizar os efeitos dos riscos sobre essa organização ao mínimo possível. É um conjunto de técnicas que visa a reduzir ao mínimo os efeitos das perdas acidentais, enfocando o tratamento aos riscos que possam causar danos pessoais, ao meio ambiente e à imagem da empresa.

O **controle dos riscos** implica verificar, fiscalizar, conferir, inspecionar e dominar as situações de riscos. Tais atividades têm baixo custo, pois requerem poucos investimentos em pessoas e equipamentos. Já o **gerenciamento de riscos** tem como objetivo final reduzir os riscos por meio da prevenção (redução da frequência de ocorrências) e da proteção contra os riscos existentes (redução de consequências). Isso implica administrar, dirigir, governar, orientar e regular as atividades, o que requer consideráveis investimentos em recursos humanos, materiais e tecnológicos.

O gerenciamento de riscos é responsável pela manutenção das operações das instalações produtivas dentro de padrões de segurança considerados toleráveis pela legislação. Para gerir os riscos, é preciso inicialmente analisá-los e avaliá-los e implantar um programa de gerenciamento de riscos (PGR) a fim de estabelecer como será conduzido o gerenciamento e como será dado o tratamento aos riscos identificados.

Os profissionais envolvidos com o gerenciamento de riscos são os responsáveis pela elaboração dos planos e do direcionamento a ser seguido pelas organizações para proporcionar segurança ao patrimônio físico e humano da empresa e de seu entorno. As ações e medidas adotadas por esses profissionais balizam a segurança nas atividades executadas nas empresas e orientam os trabalhadores por meio de treinamentos e pelo estabelecimento de normas de conduta.

Análise de riscos

> **DEFINIÇÃO**
> A análise de riscos consiste na análise integrada dos riscos inerentes a um determinado produto, sistema, operação, funcionamento, atividade, no contexto apropriado.

A análise de riscos é feita por meio de um conjunto de métodos e técnicas que buscam identificar e avaliar os riscos considerando seu tipo, nível (análise qualitativa) e quantidade (análise quantitativa). Uma das principais finalidades de realizar uma análise de riscos é representar os interesses de segurança da comunidade, do meio ambiente e da empresa. Seus resultados identificam o cenário, a frequência e as consequências dos riscos analisados.

A análise de riscos fornece aos responsáveis pela segurança do trabalho nas empresas elementos sobre os riscos existentes nas atividades para que sejam tomadas decisões e adotadas providências para prevenir a ocorrência de acidentes. Antes de iniciar a análise de riscos, é preciso identificar o perigo existente no local a ser analisado, o que é feito a partir de diversas técnicas, descritas a seguir.

» Técnicas de identificação do perigo

As técnicas de identificação do perigo possibilitam conhecer os perigos existentes e facilitam a identificação dos riscos com a aplicação de uma metodologia de trabalho.

Segundo a Agência Europeia para a Saúde e Segurança no Trabalho, uma das principais atividades de responsabilidade da área de saúde e segurança do trabalho nas empresas é circular constantemente pelas áreas onde são desenvolvidas as atividades produtivas observando com atenção os perigos existentes e possíveis riscos que venham a gerar acidentes com os trabalhadores (OCCUPATIONAL SAFETY AND HEALTH ADMINISTRATION, 1996).

Os responsáveis pela saúde e segurança do trabalho também precisam manter conversas constantes com os trabalhadores das áreas e buscar conhecer todos os aspectos envolvidos nos processos produtivos, utilizando a opinião dos trabalhadores para conhecer, por meio das experiências vividas por eles, a realidade da segurança do local de trabalho.

Os relatos sobre as situações vividas no dia a dia das operações pelos trabalhadores das áreas da empresa permitem ao membro da área de saúde e segurança entender as operações rotineiras e as não rotineiras, como as paradas para manutenção e *setup*.

As técnicas de identificação de perigos, quando aplicadas com base nessas observações, permitirão apontar as pessoas que estarão expostas aos perigos direta (pessoas que trabalham no local) e indiretamente (pessoas que circulam pelo local).

As técnicas, quando aplicadas, devem considerar as questões de gênero, uma vez que homens e mulheres são sujeitos a diferentes tipos de perigo, embora exercendo a mesma atividade.

Outros aspectos importantes dizem respeito a outros grupos de trabalhadores que podem ter o nível de perigo aumentado em virtude de características específicas, como:

- Trabalhadores com deficiência: Devem receber o mesmo tratamento dado aos demais trabalhadores, sem ser discriminados. Os locais de trabalho têm de dar acesso a esses trabalhadores e, se necessário, ser adaptados para o desempenho das atividades. Cabe aí a identificação da existência de perigo específico a este tipo de trabalhador.
- Trabalhadores migrantes: As regiões industriais recebem esse tipo de trabalhador constantemente, em virtude das dificuldades econômicas nas regiões agrícolas do país. Em geral esses trabalhadores não possuem preparo para enfrentar os perigos nas empresas e devem ser objeto de estudo e atenção dos membros da área de saúde e segurança da empresa durante todo o seu período de adaptação e treinamento.
- Trabalhadores jovens: É fato constatado que os jovens são mais vulneráveis a acidentes de trabalho, sendo, portanto, merecedores de atenção por parte dos responsáveis pela saúde e segurança do trabalho. A empresa deve atribuir aos trabalhadores jovens atividades onde a maturidade física e psicológica seja suficiente para desempenhá-la, de forma que, com o passar do tempo, ele adquira segurança para realizar funções de maior perigo.
- Trabalhadores idosos: A identificação de perigo para o trabalhador idoso precisa ser feita considerando as alterações de aptidões desses trabalhadores. As exigências físicas do trabalho têm de ser minimizadas e o nível de avaliação dos perigos existentes deve ser aprimorado. O risco considerado pequeno para o trabalhador adulto pode ser grande para o trabalhador idoso.

- Mulheres grávidas e lactantes: As atividades desenvolvidas por essas mulheres têm de ser estudadas, entendidos os perigos existentes e aplicadas as medidas de controle considerando se são suficientes para as grávidas e lactantes. Se isso não for possível, elas devem ser transferidas para áreas que atendam as necessidades de saúde e segurança da gestante ou lactante.
- Pessoal inexperiente ou sem formação: Não podem exercer atividades em locais onde existam perigos, pois qualquer ocorrência levará a empresa a sofrer graves sanções jurídicas e financeiras. A área de saúde e segurança do trabalho da empresa não deve permitir a entrada em serviço dessas pessoas.
- Trabalhadores temporários e a tempo parcial: A empresa contratada segue as regras e os procedimentos adotados pela empresa contratante, e seus funcionários seguem as mesmas regras adotadas para os funcionários da contratante. A responsabilidade final sempre recai sobre a empresa contratante no caso de algum acidente. Os perigos que correm os trabalhadores contratados são os mesmos que correm os funcionários da empresa.
- Trabalhadores da manutenção: São trabalhadores que exercem atividades em diferentes locais da empresa e em situações onde o perigo é iminente em virtude de movimentações, elevações, esforços e deslocamentos necessários aos processos de manutenção das áreas e de equipamentos produtivos. A identificação do perigo é feita por tarefa, ou seja, cada tarefa é precedida de uma autorização da área de saúde e segurança do trabalho para ser executada.
- Trabalhadores imunocomprometidos: Tem maior possibilidade de contraírem doenças provenientes de agentes químicos e biológicos presentes no ambiente de trabalho. Eles devem ser realocados em áreas onde não exista este tipo de perigo e ser orientados a utilizar EPIs respiratórios em tempo integral.
- Trabalhadores com problemas de saúde: São objeto de atenção no tocante à qualidade do ar do local em que trabalham e dos perigos decorrentes de agentes químicos e gases presentes no ambiente. Preferencialmente, devem ser realocados em atividades onde o perigo seja menor.
- Trabalhadores sob medicação susceptível de aumentar a sua vulnerabilidade ao dano: Precisam ser realocados de suas funções imediatamente. Os responsáveis pela área de saúde e segurança do trabalho da empresa não devem permitir que estes exerçam atividades onde ocorrerá o agravamento da saúde do trabalhador.

> **DEFINIÇÃO**
> Segundo Flanagan, incidente é qualquer atividade humana observável e suficientemente completa em si mesma para permitir inferências e previsões. Incidente crítico é aquele no qual o objetivo ou a intenção do ato é claro para o observador e suas consequências são suficientemente definidas de maneira a deixar pouca dúvida em relação a seus efeitos (FLANAGAN, 1954, p. 327).

» Técnica de incidentes críticos

A técnica de incidentes críticos (TIC), do inglês *critical incident technique* (CIT), foi desenvolvida por **Flanagan** no American Institute for Research entre 1941 e 1945 para determinar requisitos críticos para o trabalho de pilotos, cientistas e outros profissionais que exercem atividades sujeitas a **incidentes** (FLANAGAN, 1954).

> **» NA HISTÓRIA**
> John Flanagan Clemans (1906 - 1996) foi um dos pioneiros da psicologia da aviação. Durante a Segunda Guerra Mundial, desenvolveu programas e testes para ajudar os pilotos a realizarem suas missões. Neste período, ele criou a técnica do incidente crítico para identificar e classificar os comportamentos associados ao sucesso e ao fracasso.

Essa técnica possibilita a coleta de observações relacionadas ao comportamento humano, úteis para resolver problemas e gerar teorias psicológicas. A análise tem caráter qualitativo e é feita por meio de cinco passos, descritos no Quadro 7.1. A TIC permite focar um incidente e conhecer suas causas e consequências.

Quadro 7.1 » **Os cinco passos da técnica de incidentes críticos**

1º Passo	Determinar o objetivo geral do estudo por meio de uma descrição simples e clara do tópico de pesquisa.
2º Passo	Planejar e especificar como os incidentes sobre os fatos serão observados e coletados.
3º Passo	Coletar dados presentes e históricos sobre um incidente por meio de entrevistas com pessoas responsáveis e participantes das operações, dando ênfase ao comportamento da pessoa na narrativa sobre seu comportamento durante a ocorrência do fato e ao tempo de duração da ocorrência, bem como à sua repetição.
4º Passo	Analisar os dados e resumir a descrição da análise de maneira eficiente e prática.
5º Passo	Interpretar os dados com base no **referencial teórico** adotado pela metodologia.

» DEFINIÇÃO

O referencial teórico possibilita fundamentar e dar consistência a um estudo. Sua função é embasar a pesquisa nas publicações mais recentes sobre o tema a fim de apoiar as ideias desenvolvidas no estudo. O referencial teórico deve conter citações dos autores pesquisados para evitar o plágio e possibilitar que o estudo ressalte as ideias do pesquisador, pois tudo o que não for identificado como citação é considerado resultado das análises do autor da pesquisa.

» Técnica *What if*

A técnica *What if* (WI) é desenvolvida a partir de *checklists* e não é utilizada para a verificação de uma ação ou processo realizado, mas sim para uma ação a ser realizada. Essa técnica consiste em uma série de questionamentos sobre uma ação operacional ou mudança de processo ou de conceituação de um projeto.

> » **ASSISTA AO FILME**
> Acesse o ambiente virtual de aprendizagem Tekne para assistir a um vídeo sobre como elaborar um referencial teórico: www.grupoa.com.br/tekne.

» DEFINIÇÃO

Checklist é um instrumento de controle composto por um conjunto de condutas, nomes, itens ou tarefas que devem ser lembrados e/ou seguidos. Esse instrumento é aplicado a várias atividades e usado frequentemente como ferramenta de segurança no trabalho, em inspeções de segurança.

Esse método é empregado preliminarmente na identificação de perigos gerais para a análise de riscos, pois possibilita:

- fazer a revisão de riscos;
- realizar ajustes das formas de pensar entre as áreas (p. ex., produção, processo, segurança) sobre como tornar as operações mais seguras;
- gerar relatórios sobre os resultados que podem ser utilizados como subsídios para treinar operadores e técnicos.

A seguir, são descritos os procedimentos necessários à aplicação da técnica WI.

Formação de um grupo de trabalho: Composto por um responsável pela coordenação dos trabalhos, supervisor(es) e técnico(s) de operações e manutenção e engenheiro(s) do projeto.

Elaboração do planejamento das atividades a serem desenvolvidas: O planejamento deve contemplar as informações contidas nos documentos previamente levantados sobre o que precisa ser estabelecido e a criação de um cronograma de atividades.

Organização dos trabalhos: É realizada mediante uma reunião para a apresentação do planejamento, dos documentos coletados (memorial, fluxogramas, diagramas, especificações, instruções, incidentes anteriores), da metodologia, do cronograma de trabalho e dos objetivos a serem alcançados.

Formulação de questões sobre os temas: É realizada mediante uma reunião na qual os participantes do grupo de trabalho formulam questões a serem respondidas durante o andamento dos trabalhos (nas reuniões subsequentes). As questões são respondidas obedecendo aos passos do fluxograma do processo ou projeto analisado.

» Análise preliminar de perigo

A análise preliminar de perigo (APP) é uma técnica indicada para identificar a existência de perigos e riscos nas operações empresariais que envolvem materiais perigosos e de novos perigos e riscos que passarão a existir em virtude de ampliação das instalações ou alterações em processos produtivos. Por meio dela, é possível investigar os eventos perigosos nas instalações, tanto na parte mecânica quanto nos sistemas e nas operações de produção e manutenção.

A APP fornece aos analistas dados sobre o comportamento provável dos materiais utilizados quando liberados sem controle. Além disso, fornece as causas e indica os métodos de detecção disponíveis e os efeitos sobre os trabalhadores, a população circunvizinha e o meio ambiente. A análise é acompanhada de avaliações qualitativas dos riscos e indicação de priorização de ações. As medidas preventivas indicadas visam a eliminar ou minimizar as consequências das possíveis ocorrências.

Para realizar a APP, é preciso possuir dados e informações sobre:

- a região (dados demográficos e climatológicos);
- as instalações (premissas do projeto e suas especificações técnicas, especificações de equipamentos, *layout* da instalação, memorial dos sistemas de segurança existentes);
- as substâncias (propriedades e características físicas e químicas, inflamabilidade e toxidade).

A realização da APP exige uma equipe de trabalho formada por pessoas detentoras de conhecimentos sobre as operações a serem analisadas e que consigam desempenhar determinadas funções (Quadro 7.2).

Quadro 7.2 » Equipe de trabalho necessária a uma análise preliminar de risco

Coordenador	Responsável pelos trabalhos que ficará a cargo da formação da equipe, da coleta de dados e informações necessárias aos trabalhos, da distribuição de informações, da organização das reuniões e do encaminhamento dos resultados dos trabalhos aos responsáveis.
Líder	Deve ser experiente na metodologia que será aplicada nos trabalhos, cabendo a ele orientar os demais membros sobre o que deve ser realizado e acompanhar o andamento dos trabalhos, inclusive os resultados das atividades.
Especialistas	Conhecedores dos sistemas analisados que podem contribuir com os trabalhos por meio de suas experiências e vivências.
Relator	Encarregado de gerar as planilhas e os relatórios de maneira simples e objetiva.

» Metodologia de análise e avaliação de riscos

Existem muitas metodologias de trabalho para realizar a análise de risco. Neste capítulo, será apresentada uma delas, que é segura e de fácil execução. Essa metodologia já foi utilizada inúmeras vezes por diversos especialistas no mundo todo, de acordo com a Occupational Safety & Health Administration (1996) (OSHA) que faz parte do Departamento do Trabalho dos Estados Unidos.

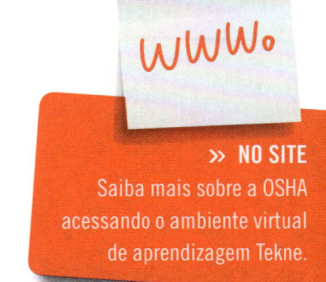

> **» NO SITE**
> Saiba mais sobre a OSHA acessando o ambiente virtual de aprendizagem Tekne.

» Metodologia OSHA

1º Passo – Identificação dos perigos: Determinar as possibilidades de ocorrência de um evento não desejado que coloque em risco a segurança dos trabalhadores (utilize uma das técnicas de identificação de perigo).

2º Passo - Quantificação dos riscos: Estimar, por meio de índices de segurança ou simulações, a quantidade de riscos existentes e a probabilidade da ocorrência de acidentes, bem como suas consequências.

3º Passo - Estabelecimento do risco aceitável: Após definir e quantificar os riscos, identificar aqueles que têm baixa probabilidade de gerar ocorrências.

> **» DEFINIÇÃO**
> Índices de segurança são métodos estatísticos que identificam os locais sensíveis da instalação onde podem ocorrer os acidentes de maiores consequências.

> **IMPORTANTE**
>
> Apesar de não existirem regras específicas para a avaliação de riscos, elas seguem os preceitos contidos nas normas regulamentadoras, considerando sempre que a avaliação deve:
>
> - ser estruturada para abranger todos os perigos e riscos relevantes;
> - ser iniciada pela análise da possibilidade de eliminar o risco identificado;
> - ser registrada.

4º Passo – Definição da estratégia para o gerenciamento do risco: Escolher um método que permita gerir, da melhor forma, os riscos existentes, buscando sempre diminuí-los ou eliminá-los. A estratégia é estabelecida considerando as seguintes etapas:

- priorizar as ações a serem implementadas e definir as medidas e os processos de controle utilizados;
- implementar os meios e processos de controle;
- medir a eficácia das medidas aplicadas;
- rever toda a estratégia periodicamente ou sempre que se verifiquem alterações;
- monitorar o programa de avaliação de riscos.

Técnicas de análise e avaliação de riscos

> **PARA SABER MAIS**
> Consulte o Capítulo 2 deste livro para saber mais sobre a NR 9.

As técnicas de análise e avaliação de riscos estão diretamente ligadas aos preceitos descritos na NR 9 (Programa de Prevenção de Riscos Ambientais) (BRASIL, 1978a) e na norma ISO 31000: 2009 (ASSOCIAÇÃO BRASILEIRA DE NORMAS TÉCNICAS, 2009). A análise de riscos para a implantação do PGR deve ser feita de acordo com a norma CETESB P nº 4.261, Manual de orientação para a elaboração de estudo de análise de riscos (COMPANHIA AMBIENTAL DO ESTADO DE SÃO PAULO, 2003). A seguir, são apresentadas as principais técnicas para realizar a análise e a avaliação de riscos.

> **NO SITE**
> As normas ISO 31000: 2009 e CETESB P nº 4.261 estão disponíveis no ambiente virtual de aprendizagem Tekne.

Série de riscos

A técnica da série de riscos (SR) proporciona uma análise qualitativa dos riscos com o objetivo de fornecer elementos que possibilitem ações preventivas e corretivas que inibam a sequência de fatos negativos ou sua repetição (relação causa e efeito). A técnica é aplicada com um fluxograma do processo ou com um esquema visual contendo todas as partes envolvidas nos processos analisados (Figura 7.1).

Causas   **Consequências**

[Diagrama: Riscos iniciais → E → Riscos contribuintes → Risco principal → E → Eventos catastróficos / Área de operações]

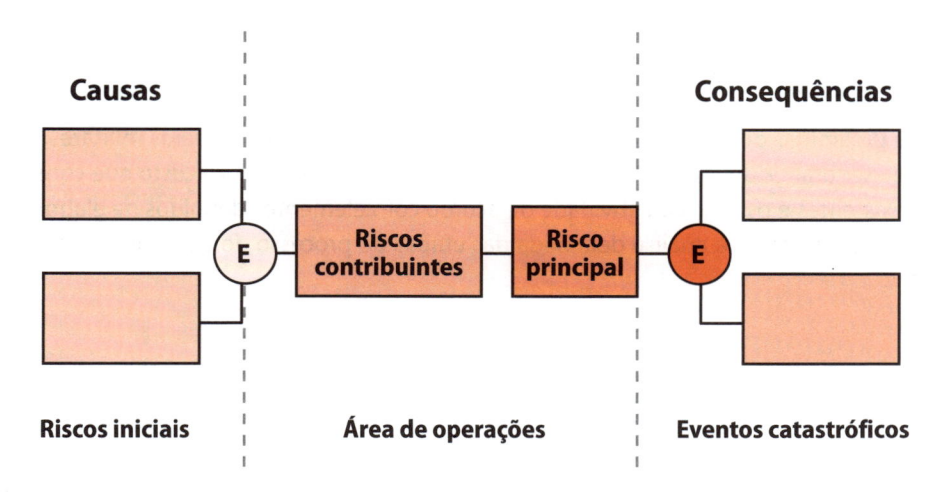

Figura 7.1 Série de riscos.
Fonte: Adaptada de Silvieri (1996).

Os **riscos iniciais** são aqueles que dão origem à série de riscos. Já os **riscos contribuintes** consistem em todos os outros riscos que podem influenciar a segurança.

O **risco principal** pode causar morte, lesão de degradação da capacidade funcional do trabalhador; danos a equipamentos, veículos ou estruturas; perda material, entre outras consequências.

A SR permite a identificação do **risco puro** e sua avaliação, bem como a recomendação de ações necessárias (Quadro 7.3).

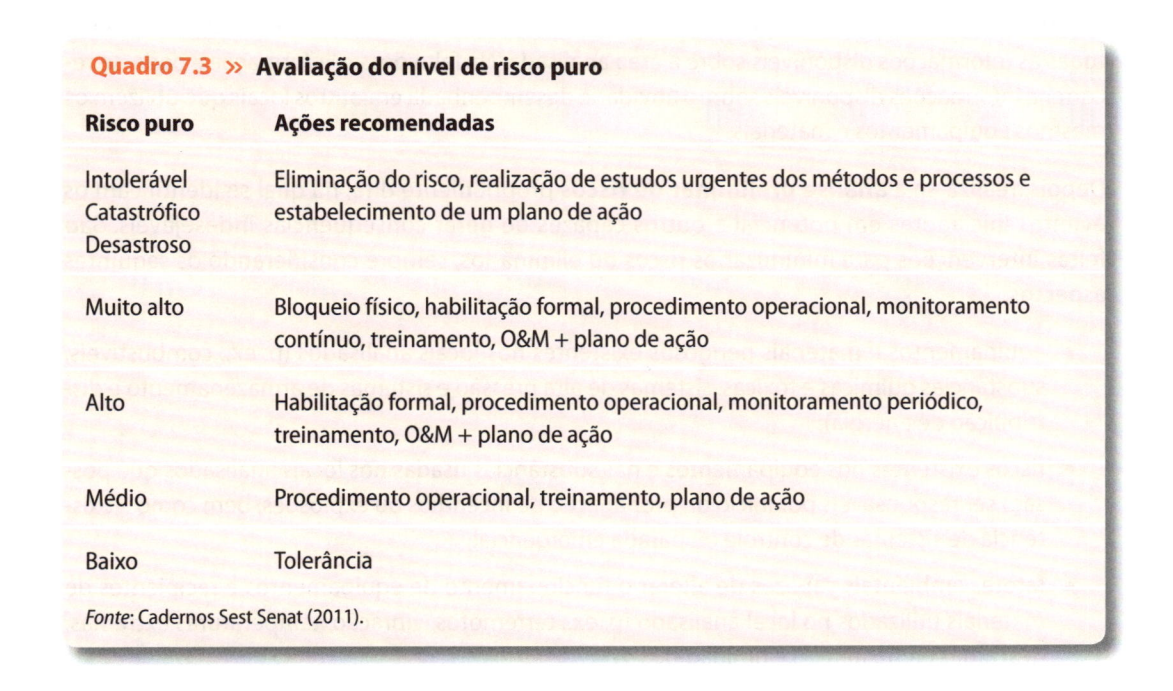

>> **DEFINIÇÃO**
O risco puro identifica somente a existência de risco de perda sem possibilidade de ganho ou de lucro.

Quadro 7.3 » **Avaliação do nível de risco puro**

Risco puro	Ações recomendadas
Intolerável Catastrófico Desastroso	Eliminação do risco, realização de estudos urgentes dos métodos e processos e estabelecimento de um plano de ação
Muito alto	Bloqueio físico, habilitação formal, procedimento operacional, monitoramento contínuo, treinamento, O&M + plano de ação
Alto	Habilitação formal, procedimento operacional, monitoramento periódico, treinamento, O&M + plano de ação
Médio	Procedimento operacional, treinamento, plano de ação
Baixo	Tolerância

Fonte: Cadernos Sest Senat (2011).

» Análise preliminar de riscos

A análise preliminar de riscos (APR) baseia-se em uma técnica utilizada pelos militares nos programas de segurança de seus sistemas. É uma análise eficiente e de baixo custo que considera os perigos existentes e os riscos da atividade de acordo com elementos definidos na elaboração do projeto. Consiste em uma análise detalhada das etapas do processo do trabalho e possui cunho qualitativo.

» DICA

A APR é ideal para atividades de alto risco (p. ex., redes de alta tensão, mineradoras), pois oferece grande vantagem sobre outros meios na identificação dos riscos antes do início das atividades, na conscientização da equipe de trabalho sobre os riscos potenciais e no estabelecimento de medidas de segurança a serem adotadas durante a realização das atividades.

A APR serve para avaliar a operação empresarial como um todo (operações que acontecem constantemente) ou tarefas e atividades específicas (que ocorrem em virtude de necessidade ou são programadas periodicamente). Ela deve contemplar os aspectos previstos e indicados no PPRA da empresa, sendo recomendada a elaboração de um formulário para facilitar sua implementação.

A APR segue uma sequência. A primeira etapa consiste em **reunir os dados** necessários buscando todas as informações disponíveis sobre a área analisada. Na falta dessas informações, pode-se recorrer a informações disponíveis sobre a atividade desempenhada em outros locais que utilizem os mesmos equipamentos e materiais.

Depois, realiza-se a **análise preliminar de riscos** propriamente dita, na qual se identificam os eventos iniciadores em potencial e outros capazes de gerar consequências indesejáveis. São feitas intervenções para minimizar os riscos ou eliminá-los, sempre considerando os seguintes aspectos:

- equipamentos e materiais perigosos existentes nos locais analisados (p. ex., combustíveis, substâncias químicas e tóxicas, sistemas de alta pressão e sistemas de armazenamento e distribuição de energia);
- riscos existentes nos equipamentos e nas substâncias usadas nos locais analisados que possam ser responsáveis por início ou propagação de incêndios ou explosões, bem como a existência de sistemas de controle ou parada emergencial;
- fatores ambientais capazes de alterar o funcionamento de equipamentos e recipientes de materiais utilizados no local analisado (p. ex., terremotos, vibração, temperaturas extremas, descargas eletrostáticas e umidade);
- procedimentos (operacionais, de teste, manutenção e atendimento às situações de emergência), erros humanos, funções desempenhadas pelos trabalhadores, *layout* dos equipamentos (ergonomia) e equipamentos de proteção individual (EPIs) e coletiva (EPCs);

- instalações e equipamentos de apoio às atividades desenvolvidas no local analisado (áreas de armazenamento, equipamentos de testes e treinamentos e utilidades);
- equipamentos de segurança existentes no local analisado (sistemas de atenuação, redundância, extintores de incêndio e equipamentos de proteção pessoal instalados).

Após a análise preliminar dos riscos, é preciso fazer o **registro dos resultados** por meio de um formulário que apresenta os perigos identificados, suas causas, o modo de detecção, os efeitos potenciais, bem como as categorias de frequência e severidade do risco e as medidas corretivas e preventivas (Quadro 7.4). Os resultados levam à melhoria contínua da segurança.

Quadro 7.4 » **Campos a serem preenchidos em um formulário de APR**

Responsáveis	Responsáveis pela aplicação da APR
Data	É a data de aplicação da APR, como data de início e fim do trabalho.
Nome da empresa	Nome da empresa em que está sendo realizado o trabalho. No caso de haver empreiteira, colocar o nome da empreiteira.
Tarefa a ser executada	Descrever detalhadamente a tarefa e o local em que a tarefa está sendo ou será executada.
Riscos do trabalho	Os riscos devem ser listados com riqueza de detalhes, uma vez que esta é a finalidade principal da APR. A partir dos riscos é que tem início o processo de neutralização, eliminação ou atenuação.
EPIs	Descrição dos EPIs de uso obrigatório durante a realização dos trabalhos.
Equipamentos usados durante o trabalho	Cada equipamento gera um risco específico que, por menor que pareça, merece atenção e deve ser listado. Quanto mais detalhes, mais eficiente será a APR.
Normas de segurança a serem observadas	É importante relatá-las, tanto para ciência do funcionário quanto para efeito de documentação.
Etapas de trabalho	Cada etapa tem seu risco específico, que deve ser observado e listado. No campo de descrição das etapas de trabalho, cada etapa precisa conter etapa, risco, medidas preventivas a serem observadas e nível de risco.
Revisão	A cada revisão, a ordem numérica da APR deve ser alterada. Sugerimos que haja um campo para enumerar as revisões da APR (iniciando com 000, primeira revisão 001, e assim por diante).
Responsáveis pela APR	A equipe de trabalho deve ser envolvida na APR (os integrantes do SESMT são os responsáveis pela implantação e pelo gerenciamento da APR, mas isso não impede que outros funcionários, como os chefes de setores, sejam incluídos).

» **NO SITE**
No ambiente virtual de aprendizagem Tekne você encontra dois modelos de formulário de APR.

>> Análise dos modos de falha e dos seus efeitos

A análise dos modos de falha e de seus efeitos (*failure mode and effect analysis* – FMEA) possui caráter quantitativo e qualitativo. Essa ferramenta procura evitar que ocorram falhas no projeto do produto ou do processo produtivo por meio da análise das falhas potenciais e de propostas de ações de melhoria. Os objetivos da FMEA são:

- avaliar a falha potencial (pode ocorrer, embora não ocorra necessariamente) e os seus efeitos;
- identificar ações que eliminem ou reduzam a ocorrência da falha;
- documentar a análise.

A FMEA é aplicada a muitos projetos e processos, não sendo, portanto, uma ferramenta exclusiva da análise de riscos. Sua principal função é avaliar a frequência esperada da ocorrência de determinados tipos de avarias nos equipamentos e suas consequências. Essa técnica não considera os erros cometidos pelos operadores nos processos operacionais, pois é uma ferramenta exclusiva de análise de falhas em equipamentos e máquinas.

>> **PARA SABER MAIS**
Para saber mais sobre a ferramenta FMEA, acesse o ambiente virtual de aprendizagem Tekne.

>> Análise da árvore de falhas

A análise da árvore de falhas (AAF), do inglês *fault tree analysis* (FTA), enfatiza as causas de riscos. Seu foco é a análise dos riscos previamente observados, e não a sua identificação, e possui cunho qualitativo e quantitativo. A árvore de falhas é um modelo gráfico de combinações paralelas e sequenciais de falhas que podem resultar na ocorrência do efeito (cabeça da árvore). Os elementos gráficos empregados na construção da árvore de falhas estão na Tabela 7.1.

>> **DICA**
Por ser uma técnica que exige bastante trabalho, a FTA geralmente é aplicada em zonas restritas de análise, nas quais as falhas podem levar a grandes consequências (p. ex., eventos associados com falhas de componentes, erro humano e falhas do sistema).

Tabela 7.1 >> **Elementos gráficos da árvore de falhas**

Símbolo lógico	Evento	Observações
▭	Evento intermediário ou de topo	
⬭	Evento básico	Acontecimento inicial, falha inicial ou que não precisa de maior atenção.
▢	Evento condicional	Condição específica ou restrições que se aplicam a qualquer porta lógica.
◇	Evento exterior	Evento que ocorre habitualmente.
⌂	Evento por desenvolver	Não é objeto de maior desenvolvimento por não ser importante ou por não haver informação suficiente que o fundamente.

Fonte: Adaptada de Baptista (2008).

A aplicação do método consiste na criação de uma árvore (diagrama) que terá em sua raiz o problema a analisar. A partir daí, empregando a lógica booleana (lógicas E e OU), cada uma das causas que poderá originar o problema é colocada no nível seguinte, e assim sucessivamente. O diagrama é uma técnica de integração de sistemas **top down**, uma vez que os eventos maiores se desdobram em consequências específicas.

Os símbolos utilizados para indicar as portas lógicas são representados na Tabela 7.2. A Figura 7.2 mostra um exemplo de árvore de falhas com a aplicação da simbologia e das portas lógicas.

>> **DEFINIÇÃO**
A integração *top down* (de cima para baixo) consiste em uma das técnicas mais conhecidas para testes de integração usando a abordagem incremental. O teste começa do nível mais alto para o mais baixo, ou seja, os componentes de mais alto nível são integrados primeiro.

Tabela 7.2 >> **Portas lógicas da árvore de falhas e suas funções**

Símbolo lógico	Definição – Porta	Observações
OU	Porta OU	O evento de saída ocorre se pelo menos um evento ocorrer
E	Porta E	O evento de saída ocorre se todos os eventos anteriores ocorrerem
△	Porta de entrada	O evento advém de outra sequência (folha) e tem continuidade na sequência presente (folha).
△—	Porta de saída	Este símbolo representa uma transferência, ou seja, que a árvore continua em outra folha.

Fonte: Adaptada de Baptista (2008).

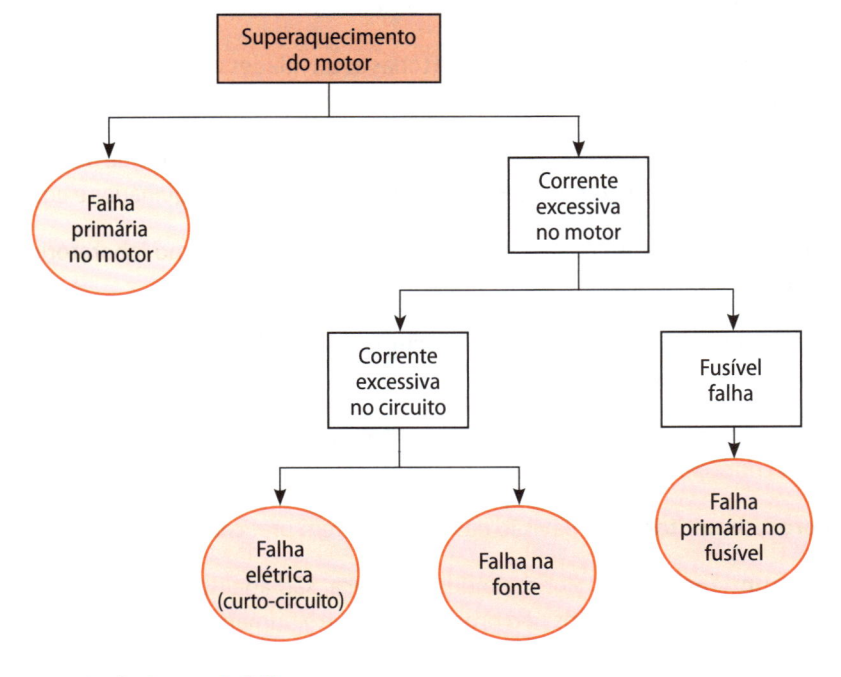

Figura 7.2 Exemplo de árvore de falhas.
Fonte: Helman e Andery (1995).

> **PARA SABER MAIS**
> Você encontra mais informações sobre as metodologias APP e HAZOP acessando o ambiente virtual de aprendizagem Tekne.

≫ Estudo de riscos operacionais

O estudo de riscos operacionais, conhecido como **HAZOP** (do inglês *HAZard and OPerability analysis*), é uma metodologia que examina instalações e/ou processos complexos com vistas a encontrar procedimentos e operações que constituam risco real e/ou potencial. Depois dessa primeira análise, a segunda fase dessa metodologia envolve eliminar ou mitigar os riscos encontrados.

A aplicação do HAZOP consiste na criação de uma tabela com dois campos principais, o das **palavras-chave** (p. ex., mais, menos, tanto quanto) e o dos **parâmetros** (p. ex., temperatura, ventilação, iluminação). A seguir, consideram-se os objetivos do processo, os seus possíveis desvios, as eventuais consequências desses desvios e os perigos representados por essas consequências.

≫ CURIOSIDADE

O método HAZOP foi inicialmente desenvolvido pela indústria química britânica e tinha como campo de aplicação refinarias e plataformas petrolíferas. Hoje, o seu uso é adaptado a situações das mais variadas.

≫ Outras técnicas utilizadas na análise e avaliação de riscos

Análise de revisão de critérios (ARC): Técnica utilizada para revisão dos documentos que envolvem segurança em produto ou processos (p. ex., especificações, normas, códigos, regulamentos de segurança). Implica a adoção de procedimentos que possibilitem a identificação de possíveis problemas ou acidentes futuros. A ferramenta utilizada nessa técnica é a *checklist*.

Análise da missão (AM): Consiste na análise de todas as atividades de um sistema já em operação, levando em conta os fatores com potencial de causar danos.

Diagrama e análise de fluxo (DAF): Consiste em análises realizadas por meio de diagramas, úteis na análise de eventos sequenciais como fiação elétrica e estado geral de maquinários e equipamentos.

Mapeamento (M): Técnica útil na delimitação de áreas perigosas, como laboratórios e áreas de produção, entre outras.

Análise do ambiente (AA): Trata-se da análise completa do ambiente, de maneira geral, abarcando higiene industrial, climatologia, etc.

Análise de componentes críticos (ACC): Analisa atentamente certos componentes e subsistemas de importância crítica para determinada operação ou processo.

Análise de procedimentos (AP): Revisão das ações a serem praticadas em uma tarefa.

Análise de contingências (AC): Por meio dessa técnica, são analisadas as situações potenciais de emergência derivadas de eventos não programados, erro humano ou causa natural inevitável.

***Management oversight and risk tree* (MORT):** Semelhante à AAF, essa técnica é muito utilizada para análise organizacional.

❯❯ Programa de Gerenciamento de Riscos

O principal objetivo do Programa de Gerenciamento de Riscos (PGR) é prevenir a ocorrência de acidentes ambientais que possam colocar em risco a integridade física dos trabalhadores, a segurança da população e o meio ambiente. O controle é uma forma de gerenciamento.

O PGR deve ser elaborado de acordo com a norma CETESB P nº 4.261 (COMPANHIA AMBIENTAL DO ESTADO DE SÃO PAULO, 2003) e conter em seu escopo medidas e procedimentos técnicos e administrativos definidos como necessários à prevenção, à redução e ao controle dos riscos analisados e avaliados.

De acordo com a norma CETESB P nº 4.261, o escopo do PGR precisa conter (COMPANHIA AMBIENTAL DO ESTADO DE SÃO PAULO, 2003):

- informações de segurança de processo;
- revisão dos riscos de processos;
- gerenciamento de modificações;
- manutenção e garantia da integridade de sistemas críticos;
- procedimentos operacionais;
- capacitação de recursos humanos;
- investigação de incidentes;
- plano de ação de emergência (PAE);
- auditorias.

Para qualquer tipo ou tamanho de empreendimento, o PAE é feito com base na análise e avaliação de riscos, contemplando os seguintes aspectos:

- estrutura do plano;
- descrição das instalações envolvidas;
- cenários acidentais considerados;
- área de abrangência e limitações do plano;
- estrutura organizacional, contemplando as atribuições e responsabilidades dos envolvidos;
- fluxograma de acionamento;
- ações de resposta às situações emergenciais compatíveis com os cenários acidentais considerados, de acordo com os impactos esperados e avaliados no estudo de análise de riscos, considerando procedimentos de avaliação, controle emergencial (p. ex., combate a incêndios, isolamento, evacuação, controle de vazamentos) e ações de recuperação;
- recursos humanos e materiais;
- divulgação, implantação, integração com outras instituições e manutenção do plano;

> **NO SITE**
> Acesse o ambiente virtual de aprendizagem Tekne para conhecer as normas técnicas sobre gerenciamento de riscos publicadas pela CESTEB.

- tipos e cronogramas de exercícios teóricos e práticos, de acordo com os diferentes cenários acidentais estimados;
- documentos anexos: plantas de localização da instalação e *layout*, incluindo a vizinhança sob risco, listas de acionamento (internas e externas), listas de equipamentos, sistemas de comunicação e alternativas de energia elétrica, relatórios, etc.

» Tratamento dos riscos operacionais e ambientais

Após a identificação, análise e avaliação dos riscos, tem início a etapa de tratamento desses riscos. É necessário optar entre prevenção e controle (ações que levam à redução dos riscos e à sua eliminação) ou financiamento dos riscos (seguros proporcionados pela própria empresa ou por empresas de seguro).

Para tratar os **riscos operacionais**, é fundamental estabelecer critérios rigorosos de gerenciamento e avaliação de resultados dos processos e dos custos gerados pelas ações de prevenção, controle e eliminação dos riscos. As empresas têm de tratar esses riscos de maneira adequada, pois eles estão diretamente ligados aos objetivos da empresa. Se não forem tratados, os riscos operacionais podem gerar grandes prejuízos.

Os **riscos ambientais** exigem muita atenção e um gerenciamento eficiente, uma vez que podem comprometer a imagem do produto e da empresa diante do mercado e impactar seus resultados financeiros. As empresas precisam conhecer o custo gerado pelo seu **passivo ambiental** e avaliar sua capacidade de administrar suas consequências financeiras e de imagem.

Muitas vezes as empresas não possuem soluções técnicas e financeiras para tratar os riscos operacionais e ambientais e optam por segurar suas operações por meio de agentes securitários. Tais agentes, mesmo não oferecendo solução para o risco, oferecem solução para os possíveis prejuízos gerados por suas consequências.

» DEFINIÇÃO

Riscos operacionais são aqueles que existem e convivem com as atividades de produção e distribuição dos produtos e serviços da empresa.

Riscos ambientais são riscos existentes pela presença de agentes nos ambientes de trabalho, capazes de afetar o trabalhador, provocando acidentes e/ou doenças profissionais ou do trabalho.

Passivo ambiental é o conjunto de todos os custos gerados pelas obrigações que as empresas têm com a natureza e com a sociedade causados por suas atividades produtivas.

» Mapa de riscos ambientais

O **mapa de riscos ambientais** teve origem nos movimentos sindicais italianos que lutavam pela sua participação nas decisões sobre a segurança no ambiente de trabalho. Eles entendiam na época que as decisões sobre as formas de produzir ditadas pelos empresários ofereciam muitos riscos à saúde e à segurança dos trabalhadores. Segundo Oddone et al. (1986), os sindicalistas italianos desenvolveram a metodologia de elaboração do mapa de riscos com base em dois princípios: o do grupo homogêneo e o da não delegação.

Grupo homogêneo: Estrutura organizada que proporciona ao trabalhador participação nas decisões sobre a realização do trabalho. O grupo homogêneo é composto pelos trabalhadores da empresa, pelo grupo dos departamentos e pelos grupos das seções, ou seja, até nos menores grupos, são mantidas as mesmas características do todo.

Não delegação: Assumir a responsabilidade de não entregar aos patrões as decisões sobre suas condições de saúde e segurança no trabalho. A participação nessas decisões proporciona ao trabalhador maior controle sobre os eventuais riscos existentes e não vistos pelos empregadores.

A obrigação de elaboração do mapa de riscos ambientais foi introduzida na legislação brasileira por meio da Portaria GM nº 3.214, de 8 de junho de 1978 (BRASIL, 1978a). De acordo com a NR 5, ficou estabelecida a seguinte atribuição à Comissão Interna de Prevenção de Acidentes (CIPA): "[...] identificar os riscos do processo de trabalho e elaborar o mapa de riscos ambientais com a participação do maior número possível de trabalhadores, com assessoria do SESMT, onde houver." (BRASIL, 1978a).

No Brasil, essa metodologia começou a ser utilizada no início da década de 1980 com a troca de experiência entre sindicalistas e técnicos brasileiros e italianos e, de forma mais sistemática, a partir da década de 1990 por meio do Instituto Nacional de Saúde no Trabalho (INST-CUT), que desenvolveu, com base em estudos práticos, a metodologia do mapa de riscos ambientais tendo como referência a experiência sindical italiana (ODDONE et al., 1986).

Em 1983, o Ministério do Trabalho, por meio da Portaria nº 33, de 27 de outubro de 1983 (BRASIL, 1983), promoveu alterações nas NRs 4 e 5 visando a adequar a legislação às necessidades da época. A Portaria atrelou o grau de risco previsto no quadro I da NR 5 ao SESMT e atribuiu novas responsabilidades à CIPA. O aperfeiçoamento da legislação ocorreu com a publicação da Portaria DNSST nº 5, de 17 de agosto de 1992 (BRASIL, 1992b), que alterou a NR 9 e estabeleceu a obrigatoriedade de elaboração do mapa de riscos ambientais.

> Art. 1º - Acrescentar ao item 9.4 da Norma Regulamentadora NR-9 - Riscos Ambientais, a alínea "C" e itens, estabelecendo a obrigatoriedade da elaboração de Mapas de Riscos Ambientais nas Empresas cujo grau de risco e número de empregados demandem a constituição de Comissão Interna de Prevenção de Acidentes - CIPA, conforme quadro I da NR 5, aprovada pela Port. 3.214/78, que passa a vigorar com a seguinte redação:
>
> 9.4. Caberá ao empregador:
>
> c) realizar o mapeamento de riscos ambientais, afixando-o em local visível, para informação aos trabalhadores conforme abaixo:
>
> 1 - o Mapa de Riscos será executado pela CIPA, através de seus membros, depois de ouvidos os trabalhadores de todos os setores produtivos da Empresa, e com a colaboração do Serviço Especializado em engenharia de Segurança e Medicina do Trabalho - SESMT da empresa, quando houver (...).

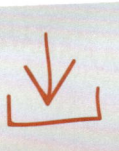

» DEFINIÇÃO
O mapa de riscos ambientais é uma representação gráfica (esboço, croqui, *layout* ou outro) de uma das partes ou de todo o processo produtivo da empresa, em que se registram os riscos e os fatores de risco a que os trabalhadores estão sujeitos e que são vinculados, direta ou indiretamente, ao processo, à organização e às condições de trabalho.

» DEFINIÇÃO
Grupo homogêneo é a menor unidade social de trabalho existente em um setor ou área, onde os trabalhadores estão submetidos às mesmas condições resultantes da organização do trabalho, tendo em comum as suas atividades, os riscos e os fatores de risco a eles relacionados (SIVIERI, 1996).

» NO SITE
A Portaria DNSST nº 5, de 17 de agosto de 1992, está disponível no ambiente virtual de aprendizagem Tekne.

> **NO SITE**
> A Portaria nº 25, de 29 de dezembro de 1994, está disponível no ambiente virtual de aprendizagem Tekne.

> **ATENÇÃO**
> A não elaboração e não afixação do mapa de riscos ambientais nos locais de trabalho acarreta aplicação de multas pela fiscalização do trabalho nos termos previstos na NR 28 da Portaria nº 3.214/78 (BRASIL, 1978a) e portarias do Ministério do Trabalho e Emprego.

Em dezembro de 1994, o Ministério do Trabalho e Emprego publicou a Portaria nº 25 que, em seu artigo 1º, aprovou o texto atual da NR 9. Em seu corpo, a Portaria 25 incluiu o Anexo IV – Mapa de Riscos –, no qual estão descritas orientações sobre a elaboração do mapa de riscos ambientais e também a classificação dos principais riscos ocupacionais em grupos, de acordo com a sua natureza, e a padronização das cores correspondentes. A Tabela I do Anexo IV da Portaria nº 25 classifica os riscos em cinco grupos, detalhados a seguir (BRASIL, 1994b).

» Classificação dos riscos ocupacionais

Grupo 1 - Riscos físicos (verde)

Ruídos: Provocam cansaço, irritação, dores de cabeça, diminuição da audição (surdez temporária, surdez definitiva e trauma acústico), aumento da pressão arterial, problemas no aparelho digestivo, taquicardia, perigo de infarto.

Vibrações: Geram cansaço, irritação, dores nos membros, dores na coluna, doença do movimento, artrite, problemas digestivos, lesões ósseas, lesões dos tecidos moles, lesões circulatórias.

Radiações ionizantes: Provocam alterações celulares, câncer, fadiga, problemas visuais, acidentes do trabalho.

Radiações não ionizantes: Causam queimaduras e lesões na pele, nos olhos e em outros órgãos.

Frio: Leva à taquicardia, aumento da pulsação, cansaço, irritação, fadiga térmica, prostração térmica, choque térmico, perturbação das funções digestivas, hipertensão.

Calor: Provoca os mesmos sintomas do frio.

Pressões anormais: Ocasionam embolia traumática pelo ar (narcose por nitrogênio), intoxicação por oxigênio e gás carbônico, doença por descompressão.

Umidade: Gera doenças do aparelho respiratório, da pele e da circulação, além de traumatismos por quedas.

Iluminação (inadequada): Ocasiona fadiga, problemas visuais, acidentes do trabalho.

Grupo 2 - Riscos químicos (vermelho)

Poeiras: São produzidas mecanicamente por ruptura de partículas maiores.

Fumos: São partículas sólidas produzidas por condensação de vapores metálicos.

Névoas: São fumaças produzidas por combustão incompleta, como a liberada pelos escapamentos dos automóveis, que contêm monóxido de carbono; são contaminantes ambientais e representam riscos de acidentes à saúde.

Neblinas: São partículas líquidas produzidas por condensação de vapores.

Gases: São dispersões de moléculas que se misturam com o ar.

Vapores: São dispersões de moléculas no ar que podem se condensar para formar líquidos ou sólidos em condições normais de temperatura e pressão.

Substâncias compostas: Existem milhares de substâncias compostas, geradas pela combinação de mais de 100 elementos químicos.

Produtos químicos em geral: Todos os produtos químicos considerados perigosos à saúde de acordo com a Convenção nº 170 da OIT (ORGANIZAÇÃO INTERNACIONAL DO TRABALHO, 1990).

Grupo 3 - Riscos biológicos (marrom)

Vírus: São pequenos agentes infecciosos (20-300 ηm de diâmetro) que apresentam genoma constituído de uma ou várias moléculas de ácido nucleico (DNA ou RNA), as quais possuem a forma de fita simples ou dupla. Os vírus são capazes de infectar todos os tipos de seres vivos e representam a maior diversidade biológica do planeta.

Bactérias: São microrganismos unicelulares, desprovidos de envoltório nuclear e organelas membranosas. Geralmente são microscópicas ou submicroscópicas (entre 0,2 e 30 μm). Podem ser encontradas na forma isolada ou em colônias e viver na presença de ar (aeróbias), na ausência de ar (anaeróbias) ou, ainda, ser anaeróbias facultativas. Estão entre os organismos mais antigos, com evidências encontradas em rochas de 3,8 bilhões de anos.

Protozoários: São microrganismos unicelulares divididos pela biologia em quatro grupos, de acordo com o seu meio de locomoção. Os ciliados se locomovem na água mediante o batimento de cílios numerosos e curtos; os flagelados utilizam o movimento de um único e longo flagelo; os rizópodos utilizam pseudópodos ("falsos pés"), moldando a forma do seu próprio corpo para se locomover; e os esporozoários não possuem organelas locomotoras nem vacúolos contráteis.

Fungos: Pertencem a um reino separado das plantas, dos animais e das bactérias (estão mais próximos dos animais do que das plantas). A maioria dos fungos não é vista a olho nu por seu tamanho muito pequeno. Eles normalmente são vistos quando frutificam como cogumelos ou como bolores.

Parasitas: São organismos que vivem em associação com outros dos quais retiram os meios para a sua sobrevivência, normalmente prejudicando o organismo hospedeiro, no processo conhecido como parasitismo. Todas as doenças infecciosas e as infestações dos animais e das plantas são causadas por parasitas. O efeito de um parasita no hospedeiro pode ser mínimo, sem afetar suas funções vitais, como é o caso dos piolhos, ou até causar a sua morte, como ocorre com muitos vírus e bactérias patogênicas.

Bacilos: São organismos unicelulares responsáveis por infecções como tétano, botulismo, cólera, coqueluche, difteria, shigelose e outras.

Grupo 4 - Riscos ergonômicos (amarelo)

Esforço físico intenso: Resulta de atividade desenvolvida pelo trabalhador durante a jornada de trabalho que exige grande esforço físico ou **trabalho pesado**, o que deve ser evitado, pois pode gerar danos físicos e psicológicos.

>> **PARA SABER MAIS**
Conheça a tabela de elementos químicos acessando o ambiente virtual de aprendizagem Tekne.

>> **NO SITE**
Você encontra o texto da Convenção nº 170 da OIT no ambiente virtual de aprendizagem Tekne.

>> **DEFINIÇÃO**
Trabalho pesado é "[...] qualquer atividade que exija um grande esforço físico, caracterizado por um consumo elevado de energia e severa pressão no coração e pulmões.". (GRANDJEAN, 1988, p. 363).

Levantamento e transporte manual de peso: É uma das formas de trabalho mais antigas e comuns, sendo responsável por muitas lesões e acidentes do trabalho. Essas lesões, em sua grande maioria, afetam a coluna vertebral, mas também causam outros males, como a hérnia escrotal. Todo trabalho que exige levantamento e transporte de peso deve seguir as recomendações e os parâmetros da NR 17 para não comprometer a saúde e a segurança do trabalhador. Os limites de peso estabelecidos pela Consolidação das Leis do Trabalho são: para homens – 60 kg; para mulheres e trabalhadores menores de 18 anos quando realizam trabalhos contínuos – 20 kg; para mulheres e trabalhadores menores de 18 anos quando realizam trabalhos ocasionais – 25 kg.

Exigência de postura inadequada: Geralmente ocorre quando o trabalhador é obrigado a exercer suas atividades em máquinas projetadas sem considerar a ergonomia e em postos de trabalho mal projetados. A má postura gera fadiga, dores corporais, LER, DORT e afastamentos do trabalho. A má postura produz consequências danosas ao trabalhador quando ele executa trabalho estático (exige que o trabalhador permaneça parado por muito tempo), atividades que exigem muita força e tarefas que requerem posturas incorretas (pernas dobradas, braços levantados, corpo curvado, entre outras).

Controle rígido de produtividade: Impõe riscos físicos e psicológicos ao trabalhador e gera estresse.

Imposição de ritmos excessivos: Quando a carga de trabalho supera a capacidade do empregado e ele não consegue modificá-la, ocorre o aumento do número de acidentes de trabalho.

Trabalho em turno e noturno: São fatores que geram doenças (causadas pela diminuição da melatonina e cortisol) e instabilidade emocional no trabalhador (estresse), uma vez que ele não consegue uma boa qualidade de sono, o que leva a um aumento no risco de ocorrência de acidentes de trabalho.

Jornadas de trabalho prolongadas: A duração normal da jornada de trabalho pode ser acrescida de, no máximo, duas horas, desde que previamente acordado por escrito com o empregado ou mediante acordo coletivo, também conhecido como horas extras. Um período superior a esse aumenta bastante a possibilidade de ocorrência de acidentes em razão de desgaste físico e emocional.

Monotonia e repetitividade: Levam à baixa produtividade e a problemas físicos e psíquicos.

Outras situações causadoras de estresse físico e ou psíquico têm de ser analisadas e eliminadas ou amenizadas, pois, segundo Sivieri (1996), podem gerar:

- alexitimia (estado psicológico que se caracteriza pela incapacidade de discriminar e manifestar emoções; dificuldade de expressar sentimentos tomando por físicas as manifestações emocionais);
- estresse (estado de saturação por desgaste constante no trabalho que tem como principais sintomas lentidão para resolver questões, cansaço, insônia e ansiedade aumentada).
- baixa autoestima (estado psicológico que se caracteriza pelo sentimento de inadequação, incapacidade, culpa e autodepreciação).

Grupo 5 – Riscos de acidentes (azul)

Arranjo físico inadequado: Não permite a integração entre o trabalhador e o equipamento. O rendimento da produção é prejudicado e provoca cansaço e desgaste pela necessidade constante de deslocamentos. Os riscos de acidentes aumentam bastante (NR 12).

Máquinas e equipamentos sem proteção: Oferecem grande risco aos operadores e às pessoas que circulam ao seu redor (NR 12).

Ferramentas inadequadas ou defeituosas: Provocam diversos tipos de acidentes (NR 12).

Iluminação inadequada: Diminui o rendimento das pessoas e provoca doenças profissionais. Transforma o ambiente de trabalho em um local sombrio, o que pode levar a problemas psíquicos nos trabalhadores (NR 12).

Eletricidade: Para trabalhar com eletricidade, é necessário passar por um treinamento, não sendo permitido a pessoas não treinadas realizar esse tipo de atividade. Existem muitos riscos envolvidos no trabalho com eletricidade, os quais podem provocar acidentes, como choque elétrico, explosão elétrica e queimaduras por eletricidade, resultando em graves lesões ou mesmo em morte.

Probabilidade de incêndio ou explosão: Medidas de prevenção que atuem sobre um ou mais dos componentes do **triângulo do fogo** são necessárias para evitar o início do incêndio ou da explosão. Sistemas de detecção e alarme sonoros destinados a avisar rapidamente a existência de um incêndio precisam fazer parte das medidas de segurança para possibilitar a extinção rápida e a evacuação do pessoal do local de trabalho.

Armazenamento inadequado: Os materiais devem ser armazenados e estocados de modo a não prejudicar o trânsito de pessoas e de trabalhadores, a circulação de materiais, o acesso aos equipamentos de combate a incêndio e a entrada e saída de portas ou saídas de emergência, além de não provocar empuxos ou sobrecargas nas paredes, lajes ou estruturas de sustentação maiores do que o previsto em seu dimensionamento.

Animais peçonhentos: Animais peçonhentos são aqueles que produzem substância tóxica e apresentam um aparelho especializado para a inoculação dessa substância, que é o veneno. Esses animais possuem glândulas que se comunicam com dentes ocos, ferrões ou aguilhões, por onde o veneno passa ativamente.

Outros riscos

Alguns autores sinalizam que os cinco grupos de riscos descritos na NR 9 já não são suficientes para englobar os riscos identificados posteriormente por serem fruto da evolução da sociedade e do próprio desenvolvimento econômico. Os riscos não contemplados na verdade sempre existiram, mas não eram considerados porque não ocorrem no ambiente produtivo, e sim em decorrência dele, no entorno da organização produtiva e na vida do trabalhador. São os fatores sociais e ambientais.

Fatores sociais: Decorrem das condições de vida dos trabalhadores, como o transporte (ida e vinda do trabalho), a alimentação (durante o período de trabalho e fora dele), o lazer (necessidade de convivência com a família e amigos) e a moradia (propriedade do imóvel ou despesa com aluguel e ambiente de criação dos filhos), entre outros.

>> **DEFINIÇÃO**
O triângulo do fogo é uma representação dos três elementos necessários para iniciar uma combustão: combustível (p. ex., madeira, gasolina, propano, magnésio), comburente (normalmente o oxigênio do ar) e fonte de ignição (p. ex., cigarros, instalações elétricas, faíscas, maçarico, eletricidade estática, reações exotérmicas).

>> **IMPORTANTE**
Além das situações de risco descritas neste capítulo, há ainda outras que podem contribuir para a ocorrência de acidentes, e todas devem ser tratadas preventivamente.

Fatores ambientais: Correspondem aos riscos gerados pelo processo produtivo no ambiente externo à empresa, como a liberação de rejeitos sólidos e resíduos líquidos, a instalação de dutos e o transporte de produtos e materiais, atividades que prejudicam a vida dos seres humanos e também da fauna e flora.

» Desenhando o mapa de riscos ambientais

O desenho do mapa de riscos é feito após o mapeamento dos riscos. Os riscos indicados podem ser exclusivos do processo produtivo ou do ambiente em que se realizam os trabalhos, de forma que as pessoas que transitam pelo local consigam conhecer e identificar os riscos com um simples olhar para o mapa, que deve estar afixado em locais de acesso ao ambiente.

Para ter certeza de que o mapeamento dos riscos ambientais foi feito adequadamente e contemplou todos os aspectos relacionados aos riscos, é recomendado solicitar aos funcionários das áreas que preencham um questionário complementar, o qual permitirá que se conheça a visão de cada trabalhador sobre os riscos existentes em suas atividades e área. O conjunto de respostas fornecidos nos questionários permite a checagem do mapeamento de riscos e a realização de ajustes sobre aspectos de segurança que não haviam sido identificados.

Após tabular os dados obtidos nos questionários, a próxima etapa consiste em confrontá-los com o mapeamento feito pelos especialistas e promover os ajustes necessários. É preciso classificar os riscos seguindo uma legenda específica de cores e símbolos de riscos (Figura 7.3).

> **» NO SITE**
> Acesse o ambiente virtual de aprendizagem Tekne para conhecer um modelo de questionário aplicado ao mapeamento de riscos.

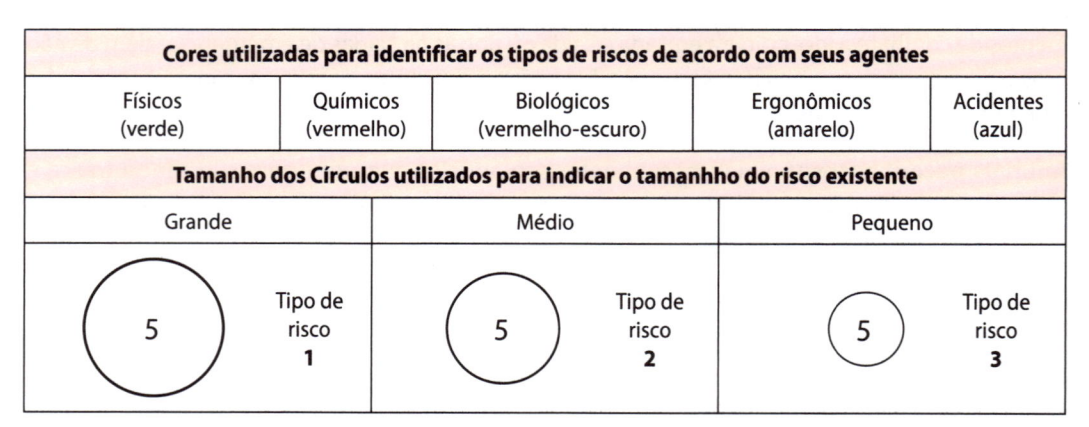

Cores utilizadas para identificar os tipos de riscos de acordo com seus agentes				
Físicos (verde)	Químicos (vermelho)	Biológicos (vermelho-escuro)	Ergonômicos (amarelo)	Acidentes (azul)
Tamanho dos Círculos utilizados para indicar o tamanhho do risco existente				
Grande		Médio		Pequeno
5 — Tipo de risco 1		5 — Tipo de risco 2		5 — Tipo de risco 3

Figura 7.3 Cores e símbolos usados no mapeamento de riscos.

Quando os riscos são provocados por mais de um agente, isso é incluído no mapa de riscos ambientais conforme ilustrado na Figura 7.4. O círculo grande é utilizado e preenchido com as cores indicativas dos riscos existentes. Dentro do círculo, coloca-se o número de trabalhadores sujeitos ao risco. Quando um agente de risco afeta toda a área de trabalho, ele é representado e indicado no centro do mapa de riscos, conforme ilustrado na Figura 7.5.

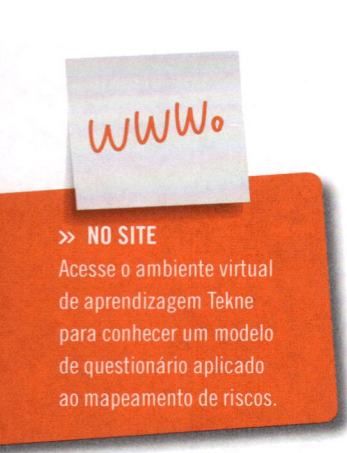

Dois agentes	Três agentes	Quatro agentes
Tipo de risco 4 — (5|5) — Tipo de risco 5	Tipo de risco 6 — (5|5/5) — Tipo de risco 7 / Tipo de risco 8	Tipo de risco 9 / Tipo de risco 11 — (5|5/5|5) — Tipo de risco 10 / Tipo de risco 12

Preencha com as cores indicativas dos riscos existentes e o círculo no tamanho grande.
Indique dentro do círculo o número de trabalhadores sujeitos ao risco.

Figura 7.4 Representação para a existência de riscos provocados por mais de um agente.

Quando um agente de risco afeta toda a área de trabalho, ele deve ser representado e indicado no centro do mapa de riscos com a seguinte representação:

(60)

Tipo de risco
13

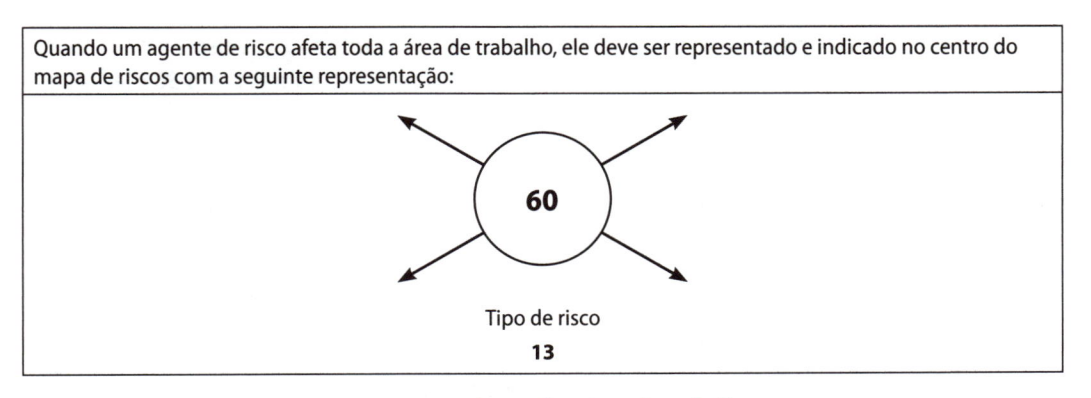

Figura 7.5 Representação de um risco que afeta toda a área de trabalho.

» DICAS

Para facilitar a elaboração do relatório a ser enviado pela CIPA para a diretoria da empresa, cada círculo do mapa de riscos precisa receber um número. Caso o círculo represente mais de uma fonte geradora de riscos, para cada cor deve ser utilizado um número. Isso possibilitará representar os círculos por números no relatório.

A relação dos riscos existentes no local de trabalho que será utilizada na tabulação dos riscos pode ser feita em um formulário como o apresentado na Tabela 7.3. Em seguida, essa relação precisa ser transferida para o desenho do mapa de riscos.

Tabela 7.3 » **Formulário para a relação dos riscos existentes no local de trabalho**

Relação dos riscos identificados no ambiente de trabalho	Classificação			Especificação do agente de risco
	Pequeno	Médio	Grande	
X	X	X	X	X
X	X	X	X	X
X	X	X	X	X

O mapa de risco da área, seção ou departamento deve ser feito utilizando as técnicas de desenho de plantas de engenharia, respeitando as dimensões do local e as divisões e indicações de portas e janelas. O desenho pode ser feito de maneira simplificada ou completo, com indicações de máquinas, mesas e outros objetos instalados e definidos no *layout* da empresa.

> **>> DICA**
>
> Para fazer o *layout*, utilize as ferramentas de desenho no Word ou PowerPoint, que premitem inserir linhas, círculos e semicírculos, bem como escolher o tamanho e a cor.

> **>> NO SITE**
>
> No ambiente virtual de aprendizagem Tekne você encontra um exemplo de mapa de riscos para uma pequena empresa de manufatura industrial desenvolvido conforme as orientações fornecidas neste capítulo.

Depois de elaborado o mapa de riscos da empresa e de áreas e setores, é preciso emitir o relatório para a diretoria da empresa apontando os riscos encontrados. A empresa terá 30 dias após o recebimento para manifestar-se. O relatório é feito por área, seção e departamento, contendo as planilhas dos riscos encontrados em cada um deles.

O relatório pode ser um formulário como o apresentado na Tabela 7.4, devendo ser preenchido um formulário para cada tipo de risco. No relatório são considerados os seguintes aspectos:

- riscos existentes (riscos baseados na NR 9, de acordo com o grupo de riscos);
- fonte geradora (causa do problema);
- número no mapa (número(s) utilizado(s) para identificar os círculos no mapa de riscos;
- proteção individual ou coletiva (indicar os EPIs e EPCs existentes e seu uso);
- recomendações (medidas sugeridas para eliminar ou controlar os riscos existentes).

Tabela 7.4 >> Relatório de riscos levantados pela CIPA

Área, departamento, setor:				
Número de funcionários X	**Masculino** X	**Feminino** X		**Total** X
GRUPO DE RISCO (1, 2, 3, 4, 5) – Descrição (físicos, químicos, biológicos, ergonômicos, acidentes)				
Riscos existentes	**Fonte geradora**	**Nº no mapa**	**Proteção individual e coletiva**	**Recomendações**
X	X	X	X	X
X	X	X	X	X
X	X	X	X	X
X	X	X	X	X

Uma cópia do relatório com protocolo de entrega à diretoria fica em poder da CIPA, e a resposta da diretoria é cobrada depois de decorrido o prazo de manifestação, uma vez que os mapas precisam ser afixados nos locais de trabalho, e as alterações sugeridas negociadas. As negociações e os prazos acordados entre a CIPA, o SESMT e a empresa são registrados no livro de atas da CIPA.

Por ser um documento dinâmico, o mapa de riscos deve ser revisto e atualizado à medida que ocorra a eliminação ou o surgimento de riscos ou o aumento ou diminuição do grau de risco em virtude de alterações na produção ou melhoria tecnológica.

Atividades esporádicas, como obras e manutenção, têm de ser acompanhadas por mapas de riscos específicos, mesmo quando executadas por empresas contratadas. A CIPA da empresa contratada precisa fazer o mapa de risco, mas, caso isso não ocorra, independentemente do motivo, a CIPA da empresa contratante deve providenciá-lo.

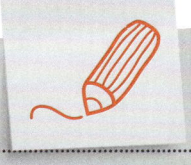

» Agora é a sua vez!

1. Entre em contato com a área de segurança do trabalho de uma empresa à qual você tenha acesso e obtenha informações sobre os riscos existentes.

2. Escolha uma área da empresa e visite-a para coletar dados.

3. Elabore a análise de riscos e a avaliação dos riscos.

4. Desenhe o mapa de riscos de uma de suas áreas, seção ou departamento.

5. Faça o relatório de riscos levantados, anote as dúvidas e converse sobre suas observações com os membros da segurança do trabalho da empresa.

capítulo 8

Acidente de trabalho

Todo trabalhador contratado por uma empresa para prestar serviços continuamente ou por um período determinado está sujeito a riscos que podem levá-lo a sofrer um acidente de trabalho. O acidente de trabalho traz diversas consequências negativas ao trabalhador, à empresa e também ao Estado. Este capítulo aborda as causas dos acidentes de trabalho e as formas de investigá-las e analisá-las, buscando sua prevenção.

Objetivos de aprendizagem

» Caracterizar o acidente de trabalho e compreender suas implicações.

» Identificar os tipos de acidentes e as respectivas responsabilidades das empresas.

» Conhecer os procedimentos legais que devem ser adotados pelas empresas em caso de ocorrência de acidentes de trabalho.

Para começar

O acidente de trabalho é o que de pior pode ocorrer a um trabalhador durante o exercício de suas atividades laborais. O trabalhador sofre consequências físicas, psicológicas e emocionais e pode perder sua capacidade física ou mesmo sua vida. Além disso, em decorrência de um acidente de trabalho, a empresa sofre consequências econômicas, financeiras e legais, e o governo arca com as responsabilidades determinadas pela Lei da Previdência Social.

> **PARA SABER MAIS**
> Acesse o ambiente virtual de aprendizagem Tekne (www.grupoa.com.br/tekne) para conhecer as disposições sobre os planos de benefícios da Previdência Social e outras providências.

O acidente de trabalho pode ocorrer durante o horário de trabalho – quando o indivíduo está a serviço de uma empresa –, ou mesmo quando se está indo ou vindo do trabalho ou em viagem por motivos profissionais. As empresas, por força da lei e por interesses econômicos, investem na segurança do trabalhador, incentivando e patrocinando programas de prevenção de riscos, pois sabem que seus custos (diretos e indiretos), sua imagem e sua competitividade no mercado são afetados na ocorrência desse tipo de acidente.

As causas dos acidentes e os estudos e as investigações sobre elas são primordiais para que as empresas aprimorem seus métodos de gestão e consigam criar barreiras que impeçam sua ocorrência. Entretanto, a maior causa das ocorrências de acidentes de trabalho ainda está relacionada ao ser humano e ao seu comportamento, uma vez que é impossível prever as ações individuais, mesmo quando existem regras e regulamentos que buscam fazê-lo.

O acidente de trabalho

O **acidente de trabalho** compreende, além das ocorrências no ambiente de trabalho, as consequências geradas pela atividade desempenhada pelo trabalhador, como as doenças decorrentes das condições de trabalho, consideradas doenças profissionais e/ou ocupacionais.

As doenças ocupacionais estão previstas no Artigo 20 da Lei nº 8.213/91 e em seus incisos, mas também existe jurisprudência a respeito de doenças que não constam na lei, mas que já foram consideradas como tal em virtude das condições de relacionamento direto entre o trabalhador e sua causa (BRASIL, 1991a). A **Previdência Social** é o órgão governamental incumbido de avaliar os acidentes e as doenças ocupacionais.

DEFINIÇÃO

De acordo com o Artigo 19 da Lei nº 8.213/91 (BRASIL, 1991a), o **acidente de trabalho** ocorre pelo exercício do trabalho a serviço da empresa ou pelo exercício do trabalho dos segurados referidos no inciso VII do Artigo 11 dessa lei, provocando lesão corporal ou perturbação funcional que cause a morte ou a perda ou redução, permanente ou temporária, da capacidade para o trabalho (BRASIL, 1991a).

A **Previdência Social** resulta de contribuições feitas por trabalhadores para prover alguma subsistência na incapacidade de trabalhar. Ela é administrada pelo Ministério da Previdência Social, e suas ações são executadas pelo Instituto Nacional do Seguro Social (INSS).

Quando um trabalhador sofre um acidente de trabalho que resulte em lesão, doença, transtorno de saúde, distúrbio, disfunção, síndrome, evolução aguda ou doença crônica, precisa passar por uma perícia médica para obter o afastamento remunerado pelo INSS. Quando ocorre a morte do trabalhador, os familiares precisam apresentar os documentos solicitados para receber o benefício (pensão). A perícia identificará o nexo entre a tarefa executada pelo trabalhador e determinará sua gravidade. O nexo sempre obedecerá aos códigos da **Classificação Internacional de Doenças e de Problemas Relacionados à Saúde** (CID).

De acordo com o Artigo 21 da Lei nº 8.213/91, acidentes decorrentes de atividades ligadas ao trabalho ou sofridos em circunstâncias em que o trabalhador é considerado estando à disposição da empresa para trabalho ou em horário de trabalho, incluindo doenças profissionais, são equiparados ao acidente de trabalho (BRASIL, 1991a).

As situações já definidas e equiparadas estão listadas no corpo dessa lei, mas a evolução das atividades econômicas frequentemente cria novas situações que, após apreciação pela Justiça do Trabalho, são transformadas em jurisprudências e passam a valer como leis. Essas decisões judiciais têm trazido novas equiparações a acidentes de trabalho em diversas situações em atividades que antes não haviam sido consideradas.

> **NO SITE**
> Conheça a tabela de códigos da Classificação Internacional de Doenças, bem como diversos documentos relativos à CAT, acessando o ambiente virtual de aprendizagem Tekne.

» Comunicação do acidente de trabalho

Todo acidente de trabalho deve ser comunicado à Previdência Social por meio de um documento denominado **Comunicação de Acidente do Trabalho** (CAT). O CAT obedece às diretrizes do Decreto nº 3.048, de 6 de maio de 1999, atualizado em dezembro de 2013, e prevê que a empresa deve comunicar o acidente de trabalho à Previdência Social até o primeiro dia útil seguinte e, em caso de morte, comunicar à autoridade competente (BRASIL, 1991b).

Se a empresa se omitir em reconhecer o acidente e deixar de comunicá-lo, será multada pela fiscalização do Ministério do Trabalho e Emprego. Quando a empresa não comunica a ocorrência do acidente de trabalho, o próprio trabalhador acidentado pode fazê-lo, bem como seus dependentes, o sindicato da categoria, os médicos ou a autoridade pública.

> **PARA SABER MAIS**
> Acesse o ambiente virtual de aprendizagem Tekne para conhecer o texto do Decreto nº 3.048, de 6 de maio de 1999, atualizado em dezembro de 2013 e o texto integral da NBR 14280, de 28 de fevereiro de 2001.

» Causas de acidentes no trabalho

São muitas as possíveis situações e causas de ocorrência de um acidente no trabalho. Neste capítulo, vamos nos ater somente às causas indicadas na NBR 14.280 (Cadastro de Acidentes do Trabalho – Procedimento e Classificação), de 28 de fevereiro de 2001, em vigor desde 30 de março de 2001 (ASSOCIAÇÃO BRASILEIRA DE NORMAS TÉCNICAS, 2001).

> **ATENÇÃO**
> O uso da NBR não elimina os demais procedimentos de comunicação de acidentes e identificação de riscos apresentados em capítulos anteriores.

O objetivo da NBR 14280 é "[...] fixar critérios para o registro, comunicação, estatística e análise de acidentes de trabalho, suas causas e consequências, aplicando-se a quaisquer atividades laborativas." (ASSOCIAÇÃO DE NORMAS TÉCNICAS, 2001). Ela é um instrumento prevencionista e, como tal, não indica soluções para os problemas. As soluções devem ser encontradas pelos que dela se utilizam para estudar o acidente ocorrido no trabalho.

» Técnicas de investigação de acidentes do trabalho e incidentes

Além dos preceitos contidos na NBR 14280, as metodologias geralmente utilizadas na investigação dos motivos da ocorrência de acidentes de trabalho e incidentes que resultaram ou poderiam ter resultado em lesões ao trabalhador, danos à empresa e prejuízos nas operações são a técnica de análise sistemática de causas (TASC) e a árvore de causas (ADC), apresentadas na seção Metodologia de investigação e análise de acidentes de trabalho.

A investigação parte do pressuposto de que o acidente é sempre um acontecimento que decorre de uma série de fatores existentes em processos, materiais e ambiente e também do comportamento humano. Eles acontecem em geral durante o desenvolvimento de alguma atividade individual ou em equipe. As atividades desenvolvidas pelos trabalhadores são compostas por quatro elementos, detalhados a seguir.

O indivíduo (I)

Indivíduo é a pessoa que exerce suas atividades profissionais no local de trabalho, com suas capacidades físicas e emocionais e suas preocupações profissionais e pessoais. Também são consideradas nessa categoria as demais pessoas que se relacionam com o indivíduo direta ou indiretamente durante o exercício de suas atividades.

Os indivíduos são diferentes fisicamente uns dos outros e modificam-se fisiologicamente diante de determinadas circunstâncias vivenciadas dentro e fora do ambiente de trabalho (p. ex., fadiga, embriaguez, sono, condição inabitual). Além disso, passam por modificações de sua forma de ser e agir em virtude de suas condições psicológicas (p. ex., preocupação, descontentamento).

Os indivíduos possuem, ainda, capacidades e competências diferentes em decorrência de seus interesses pessoais e de sua formação profissional (p. ex., falta de treinamento, treinamento deficiente, pouca experiência). Eles podem se sentir bem ou mal alocados de acordo com o clima existente em seu local de trabalho, o que influencia aspectos como colaboração, camaradagem, respeito, amizade e outros atributos do ambiente de trabalho.

A tarefa (T)

Tarefas são **atribuições recebidas e realizadas pelo indivíduo na manufatura de um produto ou** na execução de um serviço, incluindo as etapas anteriores e posteriores ao processo (ligar a máquina ou equipamento, operar, desligar, limpar, manter).

A tarefa nem sempre é rotineira, podendo sofrer algumas modificações que precisam ser consideradas, como:

- mudanças nas operações (alterações nas formas de execução das tarefas e nos procedimentos, pressão para realizar a tarefa, aceleração de equipamento, má orientação, má adequação corporal, entre outras);
- mudanças na utilização da máquina ou ferramenta (utilizar máquinas para realizar atividades para as quais ela não foi projetada, empregar ferramentas com defeito ou para aplicações diferentes das recomendadas, etc.);
- mudanças em relação ao equipamento de proteção (deixar de usar o EPI adequado ou utilizar equipamento com defeito, etc.).

O material (M)

O material compreende tudo o que é utilizado pelo trabalhador para realizar suas tarefas (matéria-prima, produtos, máquinas, tecnologia, etc.). O material pode apresentar os seguintes tipos de variações:

Matéria-prima: Alterações de características físicas (peso, dimensão, temperatura), mudanças na forma de fornecimento à produção, aumento ou diminuição do tempo de reposição.

Máquinas e meio de produção: Mau funcionamento, substituição, instalação inadequada, falta de manutenção, falta de dispositivo de proteção, etc.

Energia: Variação, interrupção, variação brusca ou não controlada, etc.

O meio de trabalho (MT)

O meio de trabalho é o ambiente no qual o trabalhador executa suas tarefas e se relaciona com os demais trabalhadores. As variações no meio de trabalho em geral acontecem no ambiente físico de trabalho e incluem aspectos como nível de iluminação, ruído, temperatura, umidade, presença de gases tóxicos e espaço, entre outros.

» Metodologia de investigação e análise de acidentes de trabalho

Na investigação e na análise de acidentes, os quatro elementos envolvidos nas atividades do trabalhador são levados em conta por meio de uma metodologia que abrange todos os aspectos relacionados. Uma boa maneira de conduzir a investigação é dividi-la em passos, conforme detalhado a seguir.

O **primeiro passo** consiste em coletar dados sobre o acidente e buscar informações sobre os procedimentos de segurança do trabalho adotados na empresa. A coleta de dados é realizada no local onde ocorreu o acidente, logo após sua ocorrência, com o objetivo de obter evidências, informa-

> **» DEFINIÇÃO**
> Analisar um acidente é buscar as causas e estabelecer ações de bloqueio a essas causas. Investigar é levantar dados e reconhecer os acontecimentos que levaram à sua ocorrência.

ções e declarações espontâneas das pessoas que o presenciaram. Também é interessante obter opiniões e considerações de técnicos, operadores e profissionais que atuam na área, mesmo que eles não tenham presenciado o acidente.

A coleta de dados estende-se aos documentos da empresa que tratam da segurança do trabalho, como os que serão solicitados pelos fiscais do Ministério do Trabalho e Emprego:

- comunicação de acidente de trabalho (CAT);
- cartão de ponto referente, no mínimo, aos três últimos meses de trabalho;
- ficha do departamento de recursos humanos das vítimas/pessoas diretamente envolvidas no acidente de trabalho com dados sobre histórico de cargos, funções e atividades desenvolvidas desde a contratação, formação prévia à contratação e na empresa (detalhar conteúdos de aspectos potencialmente relacionados ao acidente);
- normas de segurança e prescrições pertinentes à atividade com informações relativas à sua forma de difusão para os trabalhadores;
- procedimentos, normas operacionais, passo a passo ou outros documentos relevantes à(s) atividade(s);
- manuais de máquinas, equipamentos ou dispositivos envolvidos no acidente de trabalho;
- histórico de manutenção de máquinas, equipamentos ou dispositivos envolvidos no acidente de trabalho relativo aos 12 últimos meses e ao período pós-acidente;
- informações acerca de estado da máquina, equipamento ou dispositivos após o acidente, inclusive relativas a defeitos identificados, substituição de componentes, ajustes ou outras intervenções realizadas visando à sua liberação para o trabalho;
- *layout* da área (indicando áreas de circulação, equipamentos, etc.);
- análise de acidente realizada por equipe técnica da empresa e de consultores (com respectivos anexos, especialmente registros fotográficos, filmes, esquemas, etc.);
- ata de reunião da CIPA em que o acidente foi discutido;
- medidas preventivas recomendadas e adotadas após o acidente;
- outros documentos.

Ainda no âmbito da empresa, devem ser solicitados ao SESMT da empresa o prontuário médico da vítima ou de pessoas diretamente envolvidas no acidente de trabalho (diagnóstico, referência a medicamento ou hábitos pessoais, etc.) que sugira aspecto pessoal capaz de contribuir no acidente investigado.

>> **DICA**

Documentos gerados pela Polícia Técnica e pelo IML podem contribuir para a investigação do acidente de trabalho, como atestado de óbito, laudo de necropsia, cópia de análise ou perícia realizada pela polícia técnica, cópia de fotos do local do acidente, etc.

O **segundo passo** da investigação e análise de acidentes de trabalho consiste em definir o acidente de forma clara e concisa, relatando-o com base no levantamento de dados e informações coletadas. O **terceiro passo** é identificar as causas imediatas do acidente, que costumam estar diretamente relacionadas aos seguintes aspectos:

Atos abaixo de padrões: São atos que partem do indivíduo, em geral em desrespeito a regulamentos e normas da empresa e da CIPA, como operar equipamentos sem autorização; remover barreiras de segurança; não utilizar EPI; armazenar de maneira incorreta; empregar equipamentos defeituosos; entre outras. Também podem ser decorrentes de desatenção, inexperiência, despreparo, ou da não observação de práticas de segurança geralmente utilizadas.

Condições abaixo de padrões: Em geral são as condições que conduzem à causa básica do acidente, sendo considerados como tais o uso de ferramentas, equipamentos ou materiais defeituosos; espaços limitados para o trabalho; ruído excessivo; ordem e limpeza deficientes; sistema de advertência inadequado; entre outros.

O **quarto passo** da investigação e análise de acidentes do trabalho relaciona-se à identificação das **causas básicas** e das falhas de gestão. É a razão da existência de atos e condições abaixo de padrões, que podem ser gerados por um dos fatores apresentados no Quadro 8.1.

Quadro 8.1 >> Aspectos relacionados às causas básicas dos riscos

Fatores pessoais	Englobam falta de conhecimento ou capacidade para a tarefa, falta de habilidade para executar a tarefa, falta de motivação ou motivação inadequada, problemas físicos, psicológicos ou mentais.
Fatores de trabalho	Englobam normas e procedimentos inadequados de trabalho, compras, engenharia e projetos; o desgaste de máquinas, equipamentos e ferramentas pelo uso normal ou anormal e os riscos inerentes ao trabalho e ambiente.
Fatores de gestão	São decorrentes de programas inadequados, de normas inadequadas ou da observação inadequada de normas.

>> DICA

Para encontrar as causas básicas dos riscos, responda às seguintes perguntas:

Por que a prática abaixo de padrão ocorreu?

Por que a condição abaixo de padrão existiu?

Para entender melhor esse assunto, vamos recorrer aos estudos de Frank E. Bird, realizados quando ele trabalhava na Companhia Siderúrgica Lukens de Coatesville, na Pensilvânia, nos Estados Unidos no período entre 1950 e 1968. Segundo De Cicco e Fantazzini (1993), Bird realizou um estudo baseado em dados estatísticos coletados sobre cerca de 2 milhões de acidentes ocorridos em 297 empresas de diferentes segmentos que envolviam 1.750.000 empregados e mais de 3 bilhões de homens-horas trabalhados.

Com esses dados, ele criou uma relação dos acidentes com seu nível de gravidade e frequência e estabeleceu uma proporção que hoje é representada no formato de uma pirâmide. Nessa representação, conhecida mundialmente como **pirâmide de Bird** (Fig. 8.1), aparecem indicadas as proporções de danos causados pelas lesões sofridas pelos empregados em acidentes.

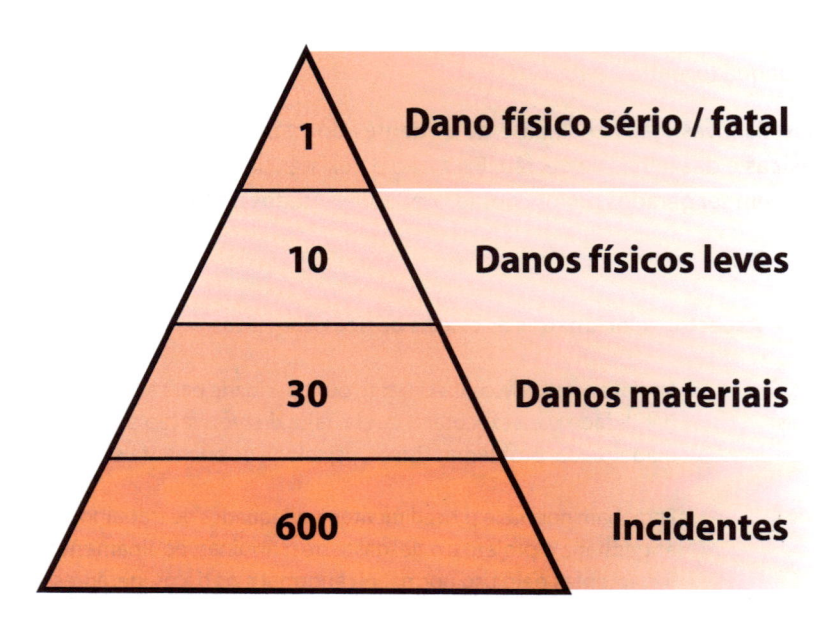

Figura 8.1 Pirâmide de Bird.
Fonte: Adaptada de De Cicco e Fantazzini (1993) e Araújo (2004).

A pirâmide de Bird mostra que há uma lesão incapacitante ou grave para cada 10 lesões leves, e que ocorrem 30 acidentes com danos materiais para cada 600 incidentes (1:10:30:600). A interpretação dada por Bird a esses dados é que estatisticamente existe uma distribuição natural dos acidentes de acordo com sua gravidade e o impacto geral na organização.

A solução sugerida por esse autor é a prevenção, ou seja, se forem criadas barreiras à ocorrência de incidentes, se os incidentes forem comunicados e se as causas forem imediatamente sanadas, é possível evitar que o incidente se transforme em danos materiais e físicos, leves ou fatais. Associando os conceitos de identificação das causas imediatas do acidente, das causas básicas e das falhas de gestão, a pirâmide passa a ter a configuração apresentada na Figura 8.2.

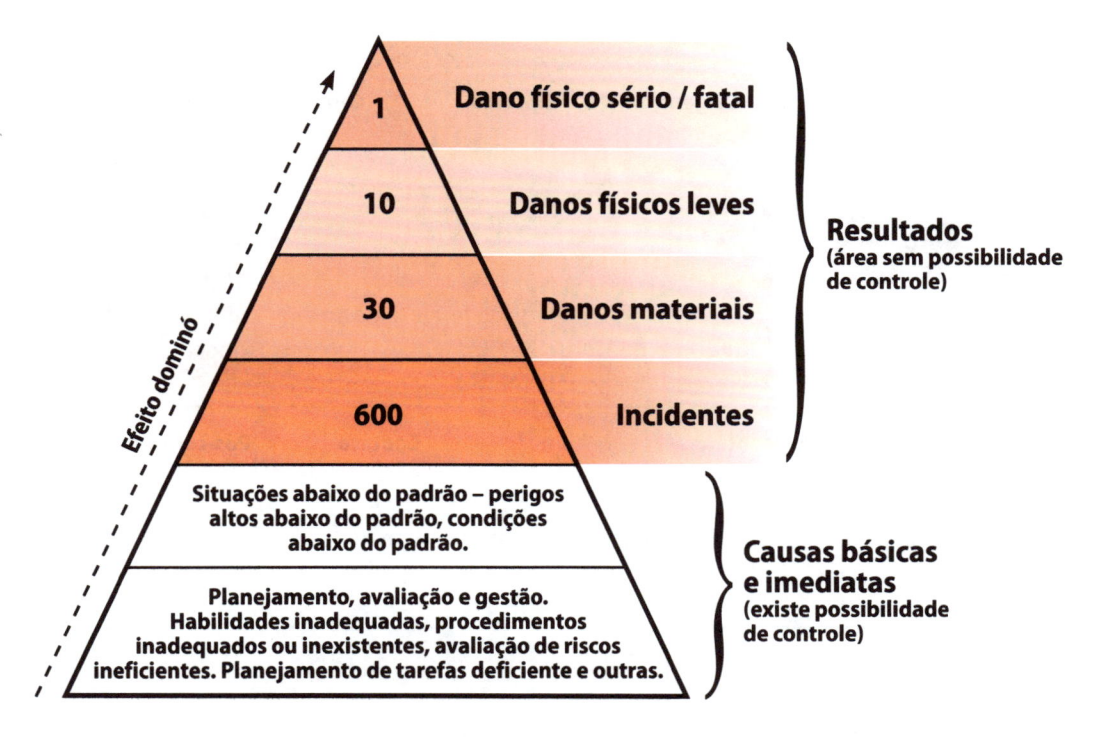

Figura 8.2 Pirâmide de Bird incluindo as causas básicas e imediatas de incidentes.
Fonte: Adaptada de De Cicco e Fantazzini (1993) e Araújo (2004).

A pirâmide de Bird deu origem ao modelo de causas de acidentes de Bird que, por sua vez, se baseou nos conceitos de Heinrich sobre o **efeito dominó**. Segundo Heinrich (1959), o acidente sempre tem um fato antecedente onde está o homem, detentor de uma personalidade, exercendo uma atividade sem o devido preparo, que comete atos inseguros ou está exposto a condições inseguras, sendo essas as causas básicas dos acidentes.

Heinrich (1959) ilustrou sua teoria por meio de cinco peças de dominó. A primeira peça representava a **personalidade**, inerente ao homem (conjunto de características positivas e negativas, de qualidades e defeitos). Ela é formada durante sua vida em decorrência das influências recebidas e das convivências compartilhadas. A personalidade é, segundo Heinrich (1959), a grande responsável pelo comportamento do indivíduo.

A segunda peça representava as **falhas humanas** no exercício da atividade, decorrentes dos aspectos negativos da personalidade do indivíduo. Segundo Heinrich (1959), esses aspectos negativos podem levar o indivíduo a falhar e sofrer acidentes. Já a terceira peça representava as **causas de acidentes**, ou seja, os atos e as condições inseguras.

A quarta peça do dominó de Heinrich representava o **acidente.** Em sua teoria, Heinrich (1959) deixa claro que, sempre que existirem condições inseguras ou forem praticados atos inseguros, existe a real possibilidade de ocorrer um acidente. A quinta e última peça dessa teoria representava as **lesões**, a real possibilidade de ocorrer em um acidente, e poderiam ser leves ou graves.

Bird desenvolveu sua pirâmide com base nessas ideias de Heinrich (1959), e seu modelo de causas de acidentes é conhecido como dominó de Frank Bird (Figura 8.3).

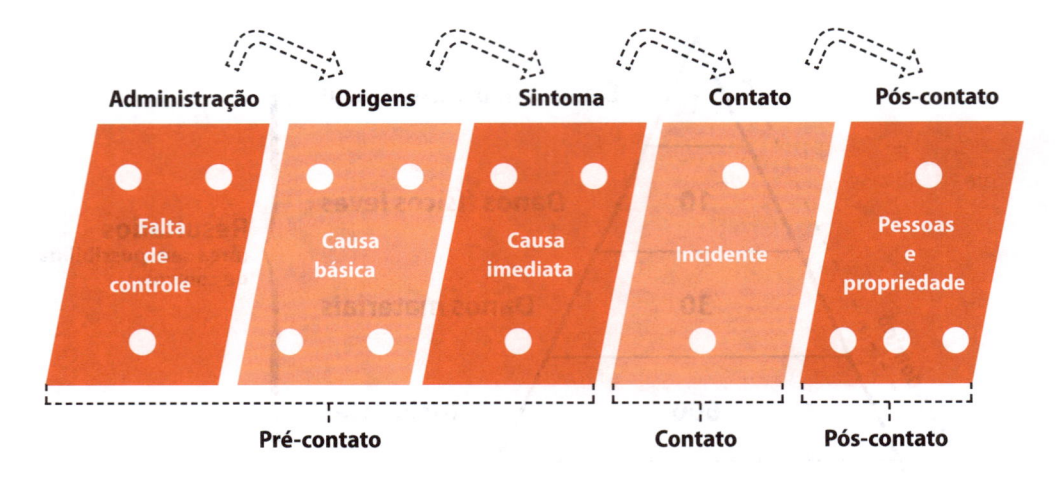

Figura 8.3 Dominó de Frank Bird.
Fonte: Adaptada pelo autor a partir de De Cicco e Fantazzini (1993) e Araújo (2004).

❯❯ Técnica de análise sistemática de causas

Esta técnica se utiliza da metodologia e dos conceitos apresentados para simular o possível caminho que levou à ocorrência do evento investigado.

A aplicação da técnica de análise sistemática de causas (TASC) tem início após a ocorrência de um evento:

1) Evento: Pode ser novo ou repetitivo, mas pode possuir causas diretas e imediatas diferentes.

2) Causas diretas e imediatas: Levaram à ocorrência do evento e são consideradas consequências de atos abaixo do padrão ou de condições abaixo do padrão (ou de ambas).

3) Atos e condições abaixo do padrão: São produzidos pelas causas básicas, ou seja, elas estão na raiz do evento investigado.

4) Causas básicas: Possuem origem em fatores pessoais ou fatores laborais.

Para desenvolver a TASC considerando estes pontos, é indicada a utilização de formulários para facilitar o entendimento da sequência de ocorrências que levaram ao evento investigado. Os formulários permitem que durante a coleta de dados sejam assinalados os resultados obtidos.

Após o preenchimento dos formulários da TASC, é possível utilizar os resultados para relatar os aspectos de saúde e segurança do trabalho que têm Necessidade de Ações e Controle (NAC) e também para construir a árvore de causas (ADC).

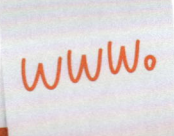

> www.
>
> ❯❯ **NO SITE**
> Acesse o ambiente virtual de aprendizagem Tekne para visualizar os modelos de formulários utilizados para realizar a TASC.

❯❯ Necessidade de ação e controle (NAC)

As constatações feitas por meio da TASC possibilitam a identificação da Necessidade de Ação e Controle (NAC) nos aspectos de gestão analisados. O *status* de cada aspecto pode ser obtido mediante respostas positivas ou negativas das questões:

1) Temos **padrões** de controle de riscos para esta atividade?

2) Os padrões de controle **existentes** são adequados?

3) Os padrões de controle existentes estão em total **conformidade** com as normas?

Para desenvolver a NAC com as respostas obtidas a estas questões, é indicado utilizar um formulário para facilitar o entendimento do *status* da gestão. Os formulários permitirão identificar e relatar os resultados obtidos.

Após o preenchimento desses formulários, é possível elaborar um plano de ação para solucionar as irregularidades e aperfeiçoar os processos e procedimentos utilizados na empresa.

> ❯❯ **NO SITE**
> Acesse o ambiente virtual de aprendizagem Tekne para visualizar os modelos de formulários utilizados para identificar a NAC.

❯❯ Árvore de causas (ADC)

Depois de coletar os dados por meio da TASC, tem início a construção da árvore de causas (ADC), que emprega a simbologia padronizada mostrada no Quadro 8.2 para sua representação gráfica.

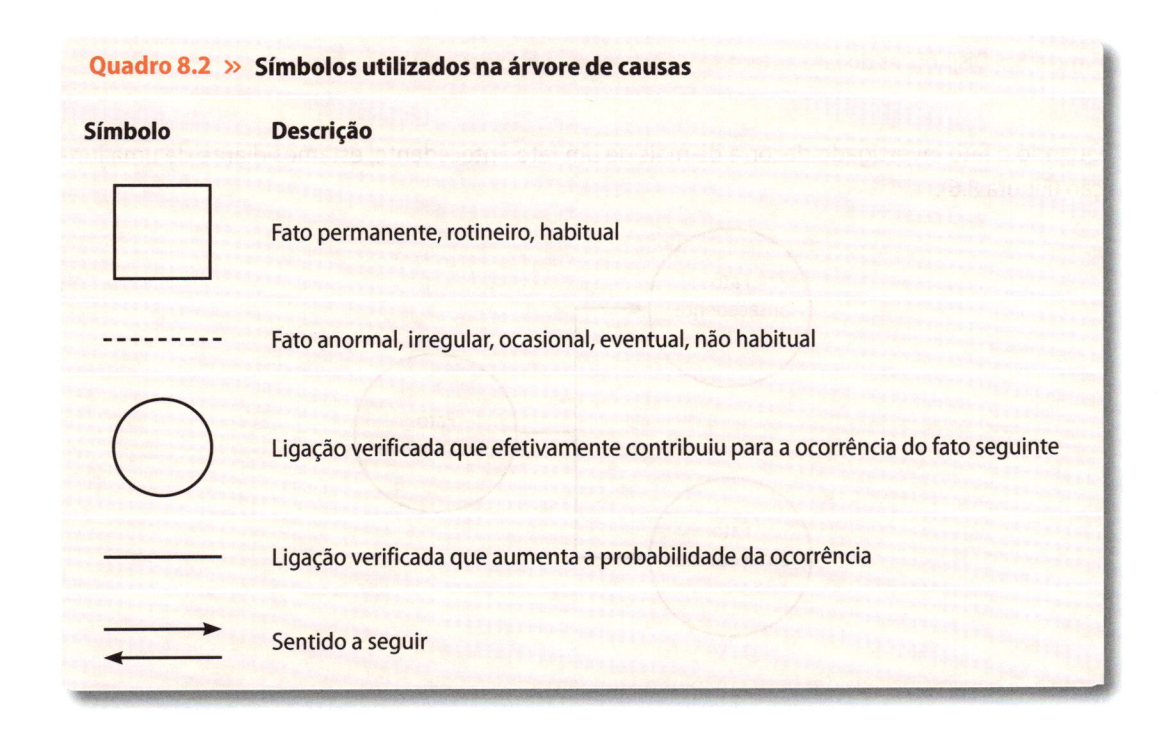

Quadro 8.2 ❯❯ **Símbolos utilizados na árvore de causas**

Símbolo	Descrição
▢	Fato permanente, rotineiro, habitual
- - - - -	Fato anormal, irregular, ocasional, eventual, não habitual
◯	Ligação verificada que efetivamente contribuiu para a ocorrência do fato seguinte
———	Ligação verificada que aumenta a probabilidade da ocorrência
→	Sentido a seguir

Ao construir a ADC, considere que a ocorrência de um fato sempre é antecedida por um fato anterior, portanto, é preciso investigar o fato antecedente para entender a ocorrência sequencial (Figura 8.4).

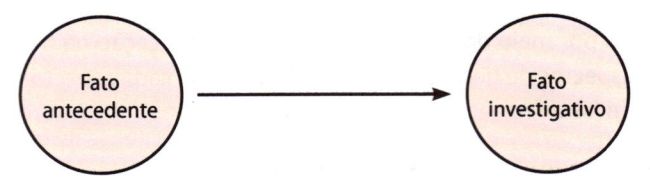

Figura 8.4 Fato investigado em função do fato antecedente.

Quando o fato investigado decorre de mais de um acontecimento, estamos diante de uma disjunção que tem como origem um único fato antecedente (Figura 8.5).

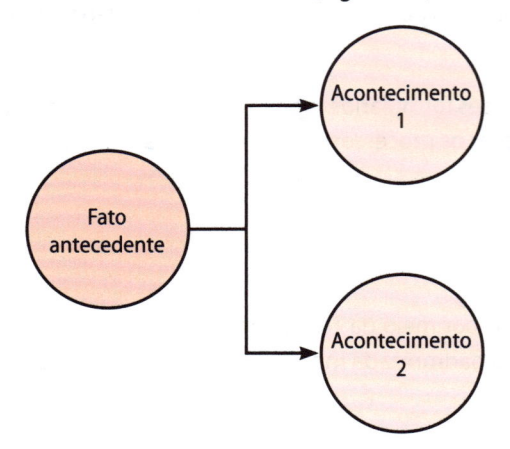

Figura 8.5 Disjunções do fato antecedente em acontecimentos a serem investigados.

Quando o fato investigado decorre de mais de um fato antecedente, estamos diante de uma junção (Figura 8.6).

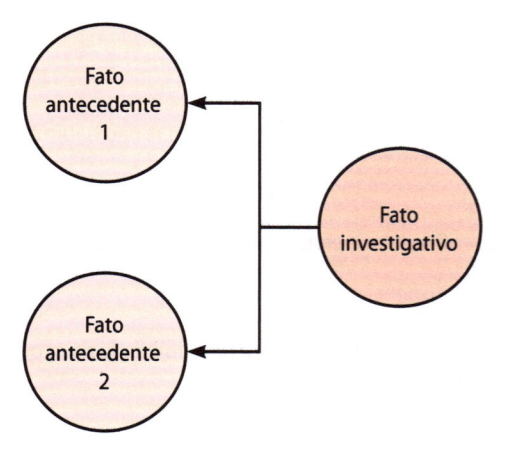

Figura. 8.6 Investigação com base em mais de um fato antecedente.

Para facilitar a classificação e o uso da simbologia adequada, é indicado um rascunho em forma de tabela no qual são previamente anotados o fator de acidente, o componente e o símbolo adotado na construção da ADC. O rascunho pode ser iniciado durante o levantamento de dados e concluído após o levantamento estar completo.

O **quinto passo** da investigação e análise de acidentes de trabalho é a definição das medidas de controle. A melhor forma de definir um plano de controle após obter os resultados de uma investigação é empregar a ferramenta de qualidade conhecida como **5W2H**. Essa ferramenta serve para traçar planos de ação, portanto, ela indicará, por meio das respostas obtidas, o que deve ser feito. A Tabela 8.1 descreve os elementos usados nessa ferramenta e seus objetivos.

> » **NO SITE**
> No ambiente virtual de aprendizagem Tekne você encontra um modelo completo de ADC.

Tabela 8.1 » **5W2H**

What	O que será feito?	A resposta a essa pergunta leva o planejador a estabelecer as etapas a serem desenvolvidas. É interessante buscar ideias com pessoas da empresa envolvidas com a situação e analisar os documentos que resultantes do fato gerador do problema, tendo o cuidado de trabalhar nas causas, e não nas consequências.
Why	Por que será feito?	Todo plano de ação precisa de uma justificativa para ser elaborado. A resposta a essa pergunta leva o planejador a definir objetivamente o motivo do desenvolvimento do plano de ação.
Where	Onde será feito?	Um plano de ação é feito para ser aplicado na solução de um problema localizado em uma área da empresa. O problema não acontece na empresa toda, mas em um local determinado, especificado no plano. É indicado obter ou produzir um desenho com o *layout* da área.
When	Quando será feito?	Toda ação precisa ser tratada como um projeto e possuir as três fases (início, meio e fim), para que o plano de ação não se perpetue e não seja concluído. Portanto, definir a época, o período e o tempo de execução do plano de ação é um dos fatores que contribuem para seu sucesso. Recomenda-se elaborar um cronograma com prazos para realizar as etapas estabelecidas.
Who	Por quem será feito?	Um plano de ação precisa ter um responsável pela sua execução, que seja experiente e conhecedor da situação que originou sua necessidade. Essa pessoa será responsável pela montagem da equipe de trabalho e implementação das ações planejadas.
How	Como será feito?	Cabe ao planejador indicar a melhor forma e o método que será adotado na execução das etapas estabelecidas no plano de ação. Em geral isso requer a participação das pessoas envolvidas, acordos com os responsáveis pelas áreas da empresa e a coleta de sugestões.
How much	Quanto custará?	Todo plano de ação envolve custos em sua execução. Esses custos precisam ser levantados, e as despesas que serão realizadas devem ser previamente aprovadas, pois assim evita-se que a execução do plano se torne inviável e seja interrompida pela falta de recursos.

O **sexto passo** da investigação e análise de acidentes de trabalho está relacionado com a abrangência. A análise de um acidente deve ser iniciada no acidente e percorrer o caminho inverso, ou seja, até identificar as causas básicas e imediatas que levaram à sua ocorrência.

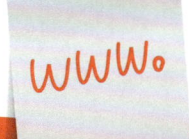

» Consequências dos acidentes de trabalho

Um acidente de trabalho invariavelmente traz consequências econômicas, políticas e sociais nos aspectos humanos e materiais.

No **aspecto humano**, as consequências sociais acontecem nos três níveis de relacionamento social do trabalhador acidentado:

- com o próprio acidentado, que perde a autoconfiança em virtude do fato em si, do sofrimento físico e emocional e da diminuição de sua capacidade produtiva;
- com a família do acidentado, em razão do sofrimento a que é submetida involuntariamente, da preocupação com sua vida e saúde e da insegurança gerada com relação ao futuro;
- com os colegas de trabalho, em razão do mal-estar sentido pelos colegas em virtude do ocorrido, da inquietação proveniente de incertezas quanto à segurança e do medo de se tornar a próxima vitima.

Ainda no aspecto humano, existem consequências relacionadas tanto à empresa, uma vez que há uma variação negativa no clima motivacional e psicológico e o mercado penaliza sua reputação, quanto ao país, pois cada registro de acidente feito por meio da CAT diminui o potencial produtivo estimado.

No **aspecto material**, as consequências atingem o círculo social do trabalhador, trazendo impactos nos três níveis:

- ao próprio acidentado, refletindo-se na perda de salário, pois ele passa a receber benefícios do INSS que, em geral, são valores menores do que os pagos pela empresa, e perda de sua perspectiva profissional em virtude de diminuição de seu potencial e capacidade física;
- à família do acidentado, pelo surgimento de dificuldades econômicas e pela necessidade de mudança da forma de vida;
- aos colegas de trabalho, refletindo-se na queda de produtividade com a consequente perda financeira de prêmios, aumento da carga de trabalho para suprir a ausência do colega acidentado e incumbências de formação de um substituto para o colega.

A empresa também sofre consequências no aspecto material, pois as linhas de produção ficam paradas, as máquinas envolvidas com o acidente precisam passar por manutenção, a produção atrasa e a empresa precisa investir em substituição e treinamento do funcionário acidentado. Ocorrem ainda aumentos dos custos de produção e dos prêmios de seguros.

As consequências materiais para o país incluem a perda de produção, que impacta na arrecadação de impostos e no cálculo do PIB. Além disso, o INSS arca com as despesas hospitalares e de recuperação do acidentado, gerando, além da perda do poder de compra do trabalhador e de sua família, despesas com a fiscalização e reeducação sobre segurança do trabalho.

>> Procedimentos de emergência em primeiros socorros

A maioria das pessoas não está preparada para situações em que é necessário socorrer uma vítima de acidente, ou mesmo de um mal súbito. No entanto, quando isso acontece com seu colega de trabalho e você é a única pessoa que pode ajudá-lo de imediato, é importante ter noção do que deve ser feito até a chegada de profissionais especializados (socorristas, paramédicos ou atendente de emergência).

A primeira ação a ser tomada é manter a calma e verificar se o socorro que você prestará à vítima não trará risco a você. Não se arrisque para socorrer a vítima se as condições observadas forem desfavoráveis para a sua segurança. Depois disso, avalie se o socorro que você irá prestar não agravará ainda mais o estado do acidentado.

Peça a ajuda de pessoas próximas ao acidente para organizar o espaço ao redor e solicite socorro. Aja rapidamente procurando transmitir tranquilidade, alívio e segurança à vítima quando ela estiver consciente, informando que o serviço de emergência já esta a caminho. Se você já passou pelo treinamento em primeiros socorros, coloque em prática as orientações recebidas, mas não tome atitudes sem os conhecimentos necessários.

Se você ainda não passou pelo treinamento em primeiros socorros, informe-se em sua empresa sobre como fazê-lo, pois sempre é bom estar preparado para circunstâncias em que esse conhecimento é necessário. Saiba que deixar de prestar socorro a uma vítima de acidente pode transformá-lo em réu por omissão de socorro de acordo com o artigo 135 do Código Penal brasileiro. O simples fato de fazer uma ligação para profissionais especializados já caracteriza o socorro à vítima, uma vez que deixar de prestar socorro significa não prestar alguma assistência.

> **>> IMPORTANTE**
> Manter a pessoa acidentada com os sinais vitais controlados pode ser a diferença entre a vida e a morte.

> **>> PARA SABER MAIS**
> Para conhecer os procedimentos de emergência e primeiros socorros, acesse o ambiente virtual de aprendizagem Tekne.

> **>> NO SITE**
> Você encontra o texto do Artigo 135 do Código Penal brasileiro no ambiente virtual de aprendizagem Tekne.

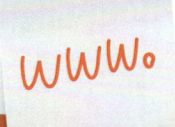

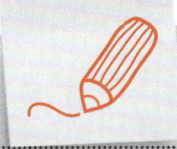

>> Agora é a sua vez!

1. Entre em contato com a área de segurança de uma empresa à qual você possua acesso e obtenha informações sobre os procedimentos adotados quando ocorrem acidentes.
2. Solicite os registros de investigações de acidentes já ocorridos na empresa.
3. Analise os documentos e as informações e os compare com os preceitos apresentados neste capítulo.
4. Agende uma reunião com o pessoal da área de segurança da empresa e pontue os aspectos nos quais houve dúvidas. Esclareça-as e tire suas conclusões sobre o processo utilizado.
5. Guarde as anotações para futuras consultas.

capítulo 9

Doenças ocupacionais

As doenças ocupacionais são ainda piores do que os acidentes de trabalho, pois resultam de riscos não tratados existentes no ambiente de trabalho, muitas vezes da falta de consciência dos riscos por parte do próprio trabalhador. A alternativa para evitar ou minimizar essas doenças é a prevenção e a conscientização dos trabalhadores. Este capítulo apresenta as doenças ocupacionais mais comuns segundo o Ministério da Saúde (BRASIL, 2001b) e detalha de que forma elas podem ser prevenidas.

Objetivos de aprendizagem

» Reconhecer as principais doenças ocupacionais e suas causas.

» Aplicar as formas indicadas para a prevenção das doenças ocupacionais.

» Identificar os meios e instrumentos utilizados para conscientizar os trabalhadores dos riscos de contrair doenças ocupacionais.

>> Para começar

Segundo a Organização Internacional do Trabalho (2013), o número de mortes causadas pelas doenças ocupacionais é seis vezes maior do que o número de mortes causadas pelos acidentes de trabalho. Elas representam um enorme custo para os empregadores, para os trabalhadores e suas famílias e para os países, uma vez que correspondem a cerca de 4% do PIB mundial.

Os grandes esforços feitos para melhorar a segurança do trabalhador esbarram no risco aceitável e na predisposição do trabalhador em correr riscos. As empresas precisam aprimorar os limites do risco aceitável, ou seja, elas precisam assumir que a saúde do trabalhador é mais importante do que os seus resultados financeiros e passar a não admitir a possibilidade de ocorrência de doenças ocupacionais em suas instalações.

Isso parece fácil, mas não é, uma vez que a grande competitividade econômica leva as empresas a economizar seus recursos e evitar o aumento de seus custos de produção. Como o trabalhador precisa do emprego, ele se dispõe a correr os riscos existentes, consciente ou inconscientemente. A necessidade do salário faz ele seguir rigorosamente as recomendações das empresas, mas nem sempre ele está preparado para exercer a atividade. Dessa forma, ele corre os riscos.

>> PARA SABER MAIS

Conheça o relatório da OIT sobre prevenção de doenças profissionais acessando o ambiente virtual de aprendizagem Tekne (www.grupoa.com.br/tekne).

>> As principais doenças ocupacionais

A saúde do trabalhador pode ser comprometida por diversos fatores, como idade, gênero ou grupo social. Além disso, o trabalhador pode sofrer prejuízos à saúde em virtude de exposição aos riscos existentes em sua atividade profissional. As doenças ocupacionais mais comuns segundo a classificação do Ministério da Saúde do Brasil são detalhadas a seguir.

❱❱ Doenças respiratórias

As doenças ocupacionais do sistema respiratório decorrem da inalação de agentes agressores presentes no ambiente de trabalho, como gases, vapores, névoas ou particulados (aerodispersoides). Esses agentes, quando interagem com o organismo do trabalhador, geram uma reação defensiva que provoca alterações em seu sistema respiratório. A seguir, são descritas as principais doenças ocupacionais respiratórias classificadas pelo Ministério da Saúde.

Pneumoconioses: São definidas pela OIT como "[...] doenças pulmonares causadas pelo acúmulo de poeiras nos pulmões e reação tissular à presença dessas poeiras." (ORGANIZAÇÃO INTERNACIONAL DO TRABALHO, 2003, p. 5). As poeiras levam ao surgimento de duas doenças pulmonares encontradas frequentemente em trabalhadores:

a) **Silicose:** Causada pela aspiração de poeira sílica (minério) e aerossóis que contêm mais de 7,5% de sílica cristalina. Pode levar à tuberculose (doença mais grave).

b) **Asbestose:** Ocasionada pela aspiração de poeira de amianto (substância cancerígena) presente na fabricação de diversos produtos (cimento amianto, materiais de fricção como pastilhas de freio, materiais de vedação, pisos e produtos têxteis, como mantas e tecidos resistentes ao fogo).

Asma ocupacional: Caracteriza-se pela obstrução difusa e aguda das vias aéreas, de caráter reversível, causada pela inalação de poeiras de substâncias alergênicas, presentes nos ambientes de trabalho (algodão, linho, borracha, couro, sílica, madeira vermelha, etc.).

❱❱ Lesão por esforço repetitivo

A lesão por esforço repetitivo (LER) é constituída por um conjunto de síndromes (quadros clínicos, patologias, doenças) que atacam os nervos, músculos e tendões (juntos ou separadamente). Ela é proveniente de atividades em que o trabalhador necessita realizar grande esforço físico, adota uma má postura ou uma postura incorreta durante o trabalho ou ainda quando ocorre compressão mecânica constante das estruturas dos membros. A LER pode ter origem em atividades físicas, esportivas ou domésticas.

> ### ❱❱ CURIOSIDADE
>
> A LER é uma síndrome relatada desde 1700, quando Ramazzini, o pai da medicina do trabalho, a descreveu como a "doença dos escribas e notórios". Mais tarde aparece como "doença das tecelãs" (1920) ou "doença das lavadeiras" (1965). O problema se amplia a partir de 1980, quando atinge várias profissões que envolvem movimentos repetitivos ou grande mobilização postural.

❯❯ Distúrbio osteomuscular relacionado ao trabalho

Distúrbio osteomuscular relacionado ao trabalho (DORT) é o conjunto de afecções musculares, de tendões e ligamentos que atingem os membros superiores em torno do ombro e região cervical em virtude do uso repetido dos músculos ou de postura inadequada durante a execução das atividades profissionais. A DORT provém somente de atividades laborais. A LER e o DORT possuem os mesmos sintomas e provocam exatamente as mesmas consequências – tendinites, tenossinovites, bursites, epicondilites, síndromes compressivas de nervos periféricos, contratura de Dupuytren (contratura de fascia palmar).

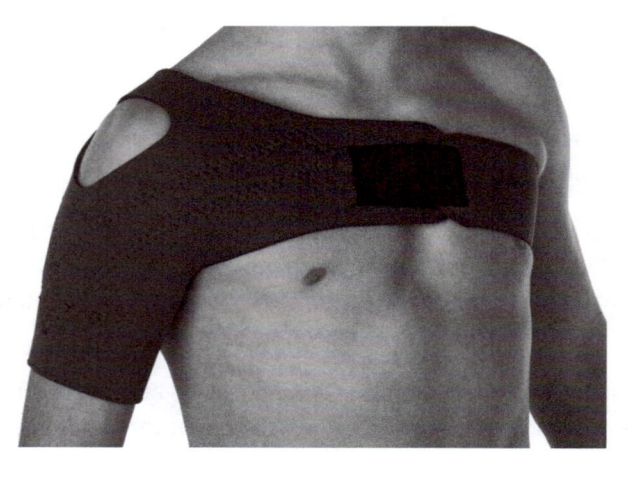

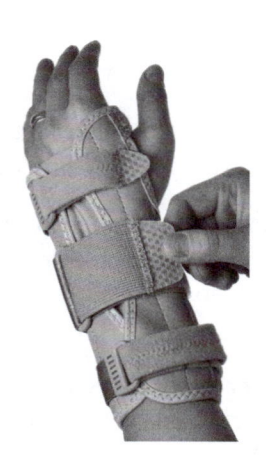

Figura 9.1 Exemplos de lesões ocupacionais: bursite e tendinite.
Fonte: Hemera/Thinkstock e iStock/Thinkstock.

❯❯ Perda auditiva induzida pelo ruído ocupacional

A perda auditiva induzida pelo ruído ocupacional (PAIR) manifesta-se pela diminuição gradual da audição decorrente de exposição contínua a níveis elevados de ruído. A perda é irreversível, pois decorre de dano causado às células do órgão de Corti da orelha interna. A perda auditiva pode inclusive vir a prejudicar a fala e o processo de comunicação do trabalhador.

❯❯ Dermatoses ocupacionais

As dermatoses são ocorrências difíceis de ser diagnosticadas que podem ser provocadas por agentes biológicos (ofídios, vírus, bactérias, fungos artrópodes, leveduras, animais terrestres e aquáticos, tecidos e secreções orgânicas, helmintos, protozoários, etc.), físicos (temperatura, eletricidade, radiações) e mecânicos (atrito, traumas, pressão, vibrações, micro-ondas). As dermatoses em geral se manifestam de duas formas:

Dermatite irritativa de contato: Provocada pelo manuseio de detergentes, solventes orgânicos e inorgânicos, resinas, óleos de corte e outros produtos.

Dermatite alérgica de contato: Provocada pelo contato com borracha e seus aditivos, cromatos, resinas, metais, plásticos, tintas e pigmentos, madeiras.

>> Distúrbios neurológicos

Existem inúmeras substâncias químicas capazes de gerar distúrbios neurológicos utilizadas nos diversos tipos de indústrias (comestíveis, cosméticos, construção civil, eletroeletrônicos, automobilísticas), e nas empresas de serviços, como nos hospitais. Também são encontradas substâncias químicas em grande quantidade nas atividades agrícolas e domésticas.

No contexto da medicina do trabalho, os distúrbios neurológicos podem ser provocados por toxinas presentes no ambiente de trabalho, como solventes orgânicos (tolueno e hidrocarbonetos clorados), por metais (chumbo e manganês) e por pesticidas.

De acordo com a Classificação Internacional de Doenças - Décima Revisão (CID-10), em seu Capítulo VI, as doenças do sistema nervoso são classificadas pelos códigos G00 a G99, e muitas delas se originam por conta das atividades laborais (ORGANIZAÇÃO MUNDIAL DA SAÚDE, 2008).

>> **ATENÇÃO**
A maioria das dermatoses é causada por substâncias químicas presentes nos locais de trabalho.

>> Doenças relacionadas ao estresse

Diversas doenças se desenvolvem quando o estresse no trabalho se torna insuportável para o trabalhador. Geralmente o estresse no local de trabalho acontece em virtude de pressão exercida pelo alcance de metas e pelo cumprimento de prazos, além de outros motivos que geram demanda mental do trabalhador. O estresse gera diversos distúrbios psíquicos, como irritabilidade, fadiga, medo de acidente, de assalto e de desemprego, sonolência, ansiedade, depressão, tensão, distúrbios do sono.

A Organização Mundial da Saúde (OMS) (1946) estabelece que a saúde "[...] **é um estado de completo bem-estar físico, mental e social, e não consiste apenas na ausência de doença ou de enfermidade.**" As condições de saúde podem ser interpretadas de acordo com a cultura, a religião, os costumes, os padrões de vida e o nível de desenvolvimento da sociedade. A melhoria sempre é bem-vinda.

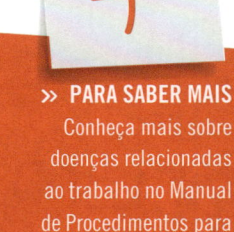

>> **PARA SABER MAIS**
Conheça mais sobre doenças relacionadas ao trabalho no Manual de Procedimentos para os Serviços de Saúde, desenvolvido pelo Ministério da Saúde e disponível no ambiente virtual de aprendizagem Tekne.

>> Prevenção de doenças ocupacionais

A prevenção de doenças ocupacionais passa historicamente pela medicina do trabalho. A responsabilidade da medicina do trabalho sobre a saúde do trabalhador restringe-se ao horário em que ele está trabalhando (MENDES; DIAS, 1991) e, por isso, ela é responsável pela recomendação de implementação de ações preventivas contra os riscos à saúde do trabalhador.

Infelizmente, na maioria das empresas, a área de medicina do trabalho limita-se apenas a realizar os exames admissionais, periódicos e demissionais, e existe um "faz de conta" por trás desses exames, com a única finalidade de salvaguardar as empresas contra as ações trabalhistas que serão

> **IMPORTANTE**
> A mudança da forma de pensar dos trabalhadores e das empresas é essencial para que a saúde do trabalhador ocupe lugar de destaque entre as prioridades empresariais. Para que sejam validadas, tais mudanças devem fazer parte de uma mudança de cultura (ou do aperfeiçoamento da cultura organizacional da empresa) e da reeducação do trabalhador.

movidas pelos trabalhadores no caso de contraírem alguma doença profissional. As empresas sabem que o investimento em prevenção custa bastante e preferem correr "riscos calculados", aplicando seus recursos em alternativas, como a automação de atividades, com consequente aumento da produtividade e dos ganhos.

O processo de reeducação do trabalhador se dá por meio de treinamentos oferecidos pela empresa, nos quais ele desenvolva o senso crítico e passe a questionar tudo o que pode ser prejudicial a ele no ambiente profissional. O processo de mudança de cultura na empresa precisa acontecer a partir do entendimento dos aspectos estratégicos e das metas, de forma que o pensamento da gestão e dos trabalhadores esteja alinhado para alcançar resultados sustentáveis.

>> Ações preventivas

Os capítulos anteriores apresentaram as diversas normas regulamentadoras e as responsabilidades por elas estabelecidas, mas é importante tratar das ações preventivas, uma vez que, segundo Gomez e Costa (1997), a saúde ocupacional ainda não é considerada uma prioridade em grande parte das empresas. A seguir, são mostrados exemplos de ações preventivas a serem aperfeiçoadas pelas empresas.

Melhoria dos processos de gestão dos programas de saúde e segurança do trabalho da empresa: Pode ser feita por meio de indicadores, mas eles só indicam os resultados obtidos. A melhor forma de melhorar tais processos é pela antecipação de ocorrências: ou seja, trabalhar sempre na busca de melhorias, sem esperar que ocorrências provoquem ações corretivas. Isso exige pessoas capacitadas para trabalhos em prevenção e antecipação de riscos.

Diminuição dos prazos de realização dos exames periódicos: Os trabalhadores estão constantemente sujeitos aos efeitos de suas atividades e do meio em que as realizam. A redução do tempo de realização dos exames periódicos exigidos para o exercício das atividades proporcionaria aos médicos do trabalho a oportunidade de interferir com maior prontidão em possíveis constatações de problemas relacionados à saúde do trabalhador. Os médicos poderiam, ainda, sem prejuízo dos exames obrigatórios, adicionar novos exames que possam servir de amparo para suas decisões.

Acompanhamento do trabalhador em tratamento médico: O trabalhador que contrai uma das inúmeras doenças profissionais precisa do amparo da empresa, pois foi ali que ele contraiu a doença. O acompanhamento pelo serviço de medicina ocupacional da empresa, pelo serviço de assistência social e pelo próprio líder ou gestor mostra que o trabalhador é importante para a empresa, e não somente um instrumento para o alcance de metas. Assim, os demais trabalhadores entendem que as recomendações sobre saúde e segurança do trabalho têm o objetivo de protegê-los, e não só garantir os interesses da empresa.

> **IMPORTANTE**
> O trabalhador deve receber informações sobre os resultados das avaliações e ser orientado sobre constatações feitas a partir dos exames realizados. Ele também deve ser orientado pela área de saúde do trabalho a procurar orientação médica caso note a manifestação de sintomas como cansaço muscular nos braços ou nas pernas, dores, dormências, inchaços e outras alterações.

> **>> DICA**
> Os canais de comunicação interna podem e devem ser utilizados para conscientizar os trabalhadores sobre os riscos existentes e sobre as ações e campanhas de prevenção desenvolvidas pela empresa, bem como para motivá-los a participar dessas ações.

Realização de campanhas de vacinação: Embora previstas, as campanhas de vacinação nem sempre são realizadas. A solução para isso seria transformar essas campanhas em eventos nos quais o trabalhador contribuiria de alguma forma com ideias e maneiras de realizá-las. A criação de cronogramas de vacinação individual e de grupos deve ser objeto dessa providência, pois o serviço de medicina do trabalho convocaria os trabalhadores para vacinação individual ou em massa.

Reeducação do trabalhador para a prevenção de doenças: A reeducação do trabalhador é um fator de sucesso quando se pretende mudar uma situação, programar um novo processo produtivo ou aperfeiçoar algum sistema já existente. Ela parte do princípio de que o trabalhador já possui diversos conhecimentos e experiências e, portanto, de nada adianta ficar insistindo em treinamentos e reciclagens padronizadas, muitas vezes aplicados há diversos anos. Realizar palestras sobre saúde e segurança, além de treinamentos específicos ministrados por profissionais capacitados, é uma das soluções que tem contribuído muito para a reeducação do trabalhador.

> **» DICA**
>
> A reeducação do trabalhador deve ser feita por meio de abordagens diferentes das realizadas no passado. É interessante trazer novas ideias para dentro da empresa, e a contratação de empresas especializadas pode ser uma boa solução.

Utilização de mídias e recursos visuais: As mídias e os recursos visuais são extremamente importantes nos processos de prevenção. O técnico em segurança do trabalho conhece essas mídias e recursos visuais, mas o ideal é que esses recursos sejam usados por publicitários, que saberão transmitir as mensagens de forma que sejam compreendidas por todos os trabalhadores, independentemente do seu nível de instrução.

Disponibilização de serviços odontológicos: Apesar de os serviços odontológicos serem considerados complementares aos serviços de medicina do trabalho, já foi comprovado que o trabalhador que não possui saúde bucal adequada produz menos e tem menor nível de confiança e amor-próprio. Os serviços odontológicos devem propiciar ao trabalhador uma reeducação quanto à higiene bucal e à saúde de gengivas e dentes, bem como conscientizá-lo da importância da aparência física para a confiança e a autoestima. A correção de problemas dentários elimina os riscos de desenvolver contaminações e infecções decorrentes das substâncias presentes no ambiente de trabalho.

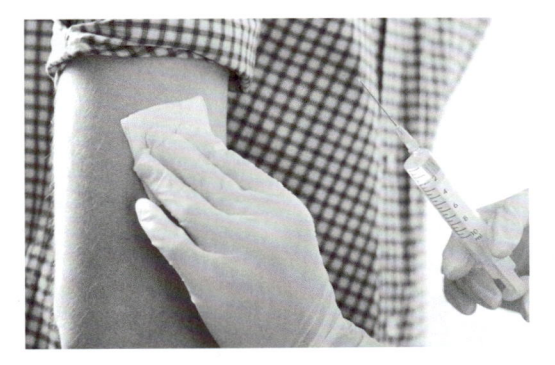

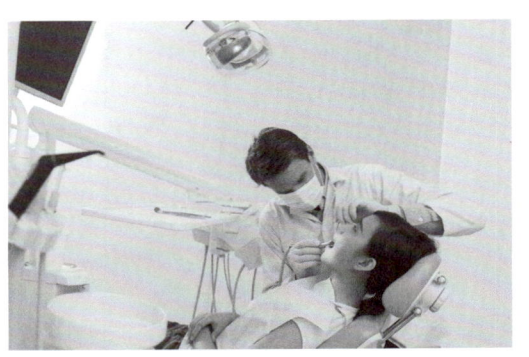

Figura 9.2 Ações preventivas: campanhas de vacinação e serviços odontológicos.
Fonte: iStock/Thinkstock.

> **IMPORTANTE**
> Uma das principais contribuições que a liderança pode dar ao trabalhador é a adoção de programas de descanso entre as ocupações do dia e não delegação de tarefas em que os trabalhadores sejam submetidos a uma mesma atividade em tempo integral. Preparar o trabalhador para agir corretamente em casos de acidentes também é responsabilidade do líder.

Promoção de melhorias ergonômicas: A ergonomia é um fator determinante para a qualidade de vida do trabalhador, pois ela vai afetá-lo não só durante o horário de trabalho, mas também em seus momentos de lazer. Os problemas ergonômicos influenciam todos os tipos de trabalhadores. A organização de programas de ginástica laboral conduzidos por especialistas em ergonomia é de grande ajuda para manter a disposição do trabalhador e sua capacidade de realizar movimentos.

Treinamento de líderes e gestores para serem orientadores de procedimentos seguros: Os líderes e gestores geralmente estão preocupados com a obtenção de resultados, e não com as pessoas que estão realizando as atividades que levarão a esses resultados. O treinamento em gestão de pessoas com foco na saúde do trabalhador é tão importante quanto o treinamento com foco no resultado. Eles precisam ter maior participação nas questões de saúde do trabalhador, pois os líderes são os detentores do poder sobre os trabalhadores durante a jornada de trabalho. Os líderes devem ser incluídos como convidados nas reuniões da CIPA e receber orientações sobre procedimentos a serem recomendados aos trabalhadores sob sua responsabilidade.

» Agora é a sua vez!

1. Entre em contato com os responsáveis pelos serviços de medicina ocupacional de uma empresa à qual você tenha acesso e busque informações sobre os programas de prevenção de doenças ocupacionais adotados.
2. Faça um levantamento dos tipos de doenças existentes e busque formas de abordagem dos problemas que levem à melhoria dos programas em vigor.
3. Apresente suas sugestões e os resultados esperados com a adoção de suas sugestões.
4. Guarde o material de pesquisa e o resultado das conversações para futuras consultas.

capítulo 10

Benefícios previdenciários

Neste capítulo são apresentados os principais aspectos legais dos benefícios previdenciários, suas características e finalidades e sua importância para o trabalhador e a sociedade.

Objetivos de aprendizagem

- Analisar o sistema previdenciário e a forma de arrecadação das contribuições.
- Identificar os benefícios pagos pelo sistema previdenciário e sua forma de acesso.
- Reconhecer a importância dos benefícios previdenciários para a sociedade.

>> Para começar

A história comprova que o homem sempre criou meios para auxiliar os membros mais necessitados da sociedade. Esses meios foram ampliados no século XX em decorrência da grande mudança ocorrida na sociedade mundial provocada pela Revolução Industrial e pela criação da Organização Internacional do Trabalho (OIT), em 1919. No Brasil, os benefícios previdenciários começaram a ser concedidos ainda no período imperial, e sua evolução tem sido constante.

> **>> NO SITE**
> Os percentuais de contribuição pagos pelas empresas e pelos trabalhadores estão previstos na Lei nº 8.212, de 24 de julho de 1991, disponível no ambiente virtual de aprendizagem Tekne (www.grupoa.com.br/tekne).

Os benefícios previdenciários são pagos aos trabalhadores contribuintes e a seus dependentes pelo Instituto Nacional do Seguro Social (INSS) para substituir sua renda quando perdem a capacidade de trabalho. Contribuinte é o devedor da contribuição à seguridade social, que pode ser pessoa física ou jurídica, e não é necessariamente o segurado (p. ex., as empresas são contribuintes, mas não são seguradas).

O sistema previdenciário brasileiro é mantido pelo Estado por meio de contribuições mensais pagas pelos trabalhadores e pelas empresas. O valor da contribuição paga é composto por percentuais destinados às diversas finalidades estabelecidas pela legislação. Do valor total da contribuição efetuada pelas empresas, 89,6% do valor é destinado ao INSS e 10,4% é destinado a outras entidades (SENAI, SESC, SENAC, SEST, SENAT).

O trabalhador contribui com 11% de seu **salário de contribuição** de acordo com os limites estabelecidos como teto de contribuição. O valor pago é destinado ao fundo que mantém o pagamento dos benefícios previdenciários.

>> DEFINIÇÃO

Salário de contribuição é o valor sobre o qual o contribuinte recolhe o INSS mensalmente em favor da Previdência Social e, consequentemente, é o valor sobre o qual o INSS pagará qualquer benefício previdenciário ao contribuinte.

>> Regimes previdenciários

O Brasil possui vários regimes previdenciários definidos pela Constituição Federal (BRASIL, 1988b), que diferenciam o trabalhador empregado sob o regime da Consolidação das Leis do Trabalho (CLT) dos servidores públicos. Cada regime previdenciário possui regras próprias.

A Previdência Social é fundamentada nos Artigos 40, 201 e 202 do texto constitucional. Os servidores públicos possuem regime previdenciário amparado pelo Artigo 40 da Constituição Federal (BRASIL, 1988b) e por regras definidas pela Lei nº 9.717/1998 (BRASIL, 1998).

O trabalhador que tem suas regras empregatícias regidas pela CLT está no **Regime Geral de Previdência Social** (RGPS), caracterizado por ser a previdência da grande massa dos trabalhadores brasileiros. Esse regime possui caráter contributivo, de filiação obrigatória (exceto o segurado facultativo), e segue a regulamentação dada pela Lei nº 8.212/1991 (BRASIL, 1991b), que trata do custeio, e da Lei nº 8.213/1991, que trata do plano de benefícios (BRASIL, 1991a).

O regime de **previdência privada** é facultativo e baseia-se na constituição de reservas que garantam o benefício contratado. É fundamentado no princípio da capitalização financeira realizada pelo segurado. Sua regulamentação foi feita pelas Leis Complementares nº 108 e 109, ambas de 2001 (BRASIL, 2001c, 2001d).

>> **PARA SABER MAIS**
Acesse o ambiente virtual de aprendizagem Tekne para ler na íntegra os textos das leis referentes ao regime próprio dos servidores públicos e ao regime geral de Previdência Social.

>> Sistema previdenciário

O sistema previdenciário brasileiro possui amparo legal na Constituição Federal (BRASIL, 1988b), no Capítulo II do Título VIII, que trata da Ordem Social. Ele faz parte do sistema de proteção social, **seguridade social** que engloba a previdência social, a assistência social e a saúde.

>> **DEFINIÇÃO**

Segundo o Artigo 194 da Constituição, "[...] a seguridade social compreende um conjunto integrado de ações de iniciativa dos poderes públicos e da sociedade destinado a assegurar os direitos à saúde, à previdência e à assistência social." (BRASIL, 1988b).

A assistência social possui amparo legal no Artigo 203 da Constituição Federal e é de responsabilidade do Estado, financiada com recursos do orçamento da seguridade social previsto no Artigo 195 da Constituição Federal (BRASIL, 1988b). O custeio da seguridade social é financiado por toda a sociedade. O Estado, por meio do seu executivo, destina parcelas de seu orçamento para tal finalidade, como contribuições sociais destinadas especificamente à Previdência.

A assistência social é prestada a quem dela necessitar, independentemente de contribuições para o sistema, com a finalidade de garantir a dignidade da pessoa humana por meio da proteção à família, à maternidade, à infância, à adolescência e à velhice; do amparo às crianças e adolescentes carentes; da promoção à integração ao mercado de trabalho; da habilitação e reabilitação das pessoas portadoras de deficiência e da promoção da sua integração à vida comunitária; e da garantia de um salário mínimo à pessoa portadora de deficiência e ao idoso que comprovem não possuir meios de prover à própria manutenção ou de tê-la provida por sua família, conforme estabelecido na Lei nº 8.742/1993 (BRASIL, 1993).

>> **NO SITE**
A Lei Orgânica da Assistência Social está disponível no ambiente virtual de aprendizagem Tekne.

> **PARA SABER MAIS**
> Acesse o ambiente virtual de aprendizagem Tekne para ler na íntegra o texto da Lei nº 8.080/90, que regulamenta o SUS.

A Constituição Federal considera que a saúde é um "[...] direito de todos e dever do Estado, garantidos mediante políticas sociais e econômicas que visem à redução do risco de doenças e de outros agravos e ao acesso universal igualitário às ações e serviços para a sua promoção, proteção e recuperação." (BRASIL, 1988b). O direito à saúde é garantido por meio do Sistema Único de Saúde, o SUS, de administração compartilhada de todos os entes federados e regulamentado pela Lei nº 8.080/90 (BRASIL, 1990c).

» Princípios da Previdência Social

A Previdência Social é um seguro que garante a renda do contribuinte e de sua família em caso de doença, acidente, gravidez, prisão, morte e velhice. Ela oferece vários benefícios que, juntos, garantem tranquilidade quanto ao presente e em relação ao futuro assegurando um rendimento seguro. Para ter essa proteção, é necessário se inscrever e contribuir todos os meses. O Quadro 10.1 apresenta os princípios e objetivos da Previdência Social segundo o Artigo 2º da Lei nº 8.213/1991 (BRASIL, 1991a).

Quadro 10.1 » Princípios e objetivos da Previdência Social previstos no Artigo 2º da Lei nº 8.213/1991 (BRASIL, 1991a)

I - Universalidade de participação nos planos previdenciários

II - Uniformidade e equivalência dos benefícios e serviços às populações urbanas e rurais

III - Seletividade e distributividade na prestação dos benefícios

IV - Cálculo dos benefícios considerando os salários de contribuição corrigidos monetariamente

V - Irredutibilidade do valor dos benefícios de forma a preservar-lhes o poder aquisitivo

VI - Valor da renda mensal dos benefícios substitutos do salário de contribuição ou do rendimento do trabalho do segurado não inferior ao do salário mínimo

VII - Previdência complementar facultativa, custeada por contribuição adicional

VIII - Caráter democrático e descentralizado da gestão administrativa, com a participação do governo e da comunidade, em especial de trabalhadores em atividade, empregadores e aposentados

> **DEFINIÇÃO**
> Segurado é aquele que tem um vínculo jurídico com a Previdência Social que se resume no dever de pagar as contribuições impostas ou facultadas pela lei, bem como no direito de receber a prestação quando ocorrer os casos sociais que a lei protege.

Para a Previdência Social, todo trabalhador que participa do RGPS é considerado um **segurado**. A Lei nº 8.213/1991 (BRASIL, 1991a) estabelece as seguintes condições para que o trabalhador mantenha-se como segurado:

Artigo 15. Mantém a qualidade de segurado, independentemente de contribuições:

I - sem limite de prazo, quem está em gozo de benefício;

II - até 12 (doze) meses após a cessação das contribuições, o segurado que deixar de exercer atividade remunerada abrangida pela Previdência Social ou estiver suspenso ou licenciado sem remuneração;

III - até 12 (doze) meses após cessar a segregação, o segurado acometido de doença de segregação compulsória;

IV - até 12 (doze) meses após o livramento, o segurado retido ou recluso;

V - até 3 (três) meses após o licenciamento, o segurado incorporado às Forças Armadas para prestar serviço militar;

VI - até 6 (seis) meses após a cessação das contribuições, o segurado facultativo.

§ 1º O prazo do inciso II será prorrogado para até 24 (vinte e quatro) meses se o segurado já tiver pagado mais de 120 (cento e vinte) contribuições mensais sem interrupção que acarrete a perda da qualidade de segurado.

§ 2º Os prazos do inciso II ou do § 1º serão acrescidos de 12 (doze) meses para o segurado desempregado, desde que comprovada essa situação pelo registro no órgão próprio do Ministério do Trabalho e da Previdência Social.

§ 3º Durante os prazos deste artigo, o segurado conserva todos os seus direitos perante a Previdência Social.

§ 4º A perda da qualidade de segurado ocorrerá no dia seguinte ao do término do prazo fixado no Plano de Custeio da Seguridade Social para recolhimento da contribuição referente ao mês imediatamente posterior ao do final dos prazos fixados neste artigo e seus parágrafos.

» Benefícios garantidos aos segurados

Aposentadoria por invalidez

A aposentadoria por invalidez é um benefício concedido a todos os trabalhadores que, por doença ou acidente, forem considerados pela perícia médica da Previdência Social incapacitados para exercer suas atividades ou outro tipo de serviço que lhes garanta o sustento (Artigos 43 a 47 da Lei nº 8.213/1991) (BRASIL, 1991a). Para receber esse benefício (100% do **salário de benefício**), o segurado precisa ter feito 12 contribuições mensais exceto no caso de acidentes e algumas doenças constantes da lista elaborada pelos Ministérios da Saúde e da Previdência.

Não tem direito à aposentadoria por invalidez quem, ao se filiar à Previdência Social, já tiver doença ou lesão que geraria o benefício, a não ser quando a incapacidade resultar no agravamento da enfermidade. A aposentadoria deixa de ser paga quando o segurado recupera a capacidade e volta ao trabalho, quando a aposentadoria é transformada em aposentadoria por idade ou quando ocorre a morte do segurado.

Aposentadoria por idade

Têm direito ao benefício da aposentadoria por idade os trabalhadores urbanos segurados do sexo masculino a partir dos 65 anos e do sexo feminino a partir dos 60 anos de idade (Artigos 48 a 51 da Lei nº 8.213/1991) (BRASIL, 1991a) que comprovarem terem feito 180 contribuições mensais. Já os trabalhadores rurais podem receber esse benefício a partir dos 60 anos, no caso dos homens, e a partir dos 55 anos, no caso das mulheres, sendo necessária a comprovação de 180 meses de atividade rural.

> » **DEFINIÇÃO**
> Salário de benefício é o valor básico utilizado para cálculo da renda mensal dos benefícios de prestação continuada. O fator previdenciário será calculado considerando a idade, a expectativa de sobrevida e o tempo de contribuição do segurado ao se aposentar.

> » **ATENÇÃO**
> Quem recebe aposentadoria por invalidez tem que passar por perícia médica de 2 em 2 anos e sempre que convocado pelo INSS. Do contrário, o benefício é suspenso.

A aposentadoria por idade é irreversível e irrenunciável: depois que receber o primeiro pagamento ou realizar o saque do valor do Programa de Integração Social (PIS) ou do Fundo de Garantia por Tempo de Serviço (FGTS), o segurado não poderá desistir do benefício. O trabalhador não precisa sair do emprego para requerer a aposentadoria.

A renda mensal provida por esse benefício é de 70% do salário de benefício acrescida de 1% a cada grupo de 12 contribuições mensais. Não existe suspensão do pagamento, e sua cessão ocorre somente com a morte do segurado.

Aposentadoria por tempo de contribuição

A aposentadoria por tempo de contribuição é válida a todos os segurados, exceto o especial, quando não contribui como individual. Para ter direito à aposentadoria integral, o trabalhador deve comprovar pelo menos 35 anos de contribuição, e a trabalhadora, 30 anos, com redução de cinco anos para os professores de ensino fundamental e médio (Artigos 52 a 56 da Lei nº 8.213/1991) (BRASIL, 1991a).

O valor do benefício é calculado com base na média das últimas 180 contribuições mensais, que equivale ao valor de 100% do salário de benefício. Para ter direito à aposentadoria proporcional, é preciso que o trabalhador atenda a dois requisitos: tempo de contribuição e idade mínima.

Os homens podem requerer a aposentadoria proporcional aos 53 anos de idade e 30 anos de contribuição, mais um adicional de 40% sobre o tempo que faltava em 16 de dezembro de 1998 para completar 30 anos de contribuição. As mulheres têm direito à proporcional aos 48 anos de idade e 25 de contribuição, mais um adicional de 40% sobre o tempo que faltava em 16 de dezembro de 1998 para completar 25 anos de contribuição.

Não existe situação que gere a suspensão do pagamento da aposentadoria por contribuição, e a cessação somente ocorre com a morte do segurado.

Aposentadoria especial

A aposentadoria especial é um benefício concedido ao segurado que tenha trabalhado em condições prejudiciais à saúde ou à integridade física (Artigos 57 e 58 da Lei nº 8.213/1991) (BRASIL, 1991a). Para ter direito, o trabalhador deverá comprovar, além do tempo de trabalho, efetiva exposição a agentes nocivos químicos, físicos, biológicos ou à associação de agentes prejudiciais pelo período exigido para a concessão do benefício (15, 20 ou 25 anos).

O trabalhador rural tem direito à aposentadoria especial aos 60 anos, se homem, e aos 55 anos, se mulher (Artigo 201, § 7º, II, CF/88) (BRASIL, 1988b), desde que comprovados o exercício de labor no campo e o período de carência (Artigo 143 da Lei nº 8.213/91) (BRASIL, 1991a).

A aposentadoria especial será devida ao segurado empregado, trabalhador avulso e contribuinte individual, este somente quando cooperado filiado à cooperativa de trabalho ou de produção. Além disso, a exposição aos agentes nocivos deverá ter ocorrido de modo habitual e permanente, não ocasional nem intermitente.

O valor do benefício é calculado com base na média das últimas 180 contribuições mensais, que equivale ao valor de 100% do salário de benefício. A suspensão do pagamento ocorre caso o segurado retorne a um trabalho em que exista exposição a agentes nocivos (embora a lei trate como cessação). A cessação do benefício ocorre somente com a morte do segurado.

> **IMPORTANTE**
> A Primeira Seção do Superior Tribunal de Justiça (STJ) confirmou, em julgamento de recurso repetitivo, que o aposentado tem o direito de **renunciar ao benefício** para requerer nova aposentadoria em condição mais vantajosa e que, para isso, ele não precisa devolver o dinheiro que recebeu da Previdência.
> Os benefícios previdenciários são direitos patrimoniais disponíveis e, portanto, suscetíveis de desistência pelos seus titulares, dispensando-se a devolução dos valores recebidos da aposentadoria a que o segurado deseja renunciar para a concessão de novo e posterior jubilamento, assinalou o relator do caso, ministro Herman Benjamin.

Aposentadoria especial para pessoas com deficiência

A aposentadoria especial para pessoas com deficiência pelo RGPS é garantida às pessoas com deficiência nos seguintes termos:

- em caso de deficiência grave, aos 25 anos de contribuição (homens) e aos 20 anos (mulheres);
- em caso de deficiência moderada, aos 29 anos de contribuição (homens) e aos 24 anos (mulheres);
- em caso de deficiência leve, aos 33 anos de contribuição (homens) e aos 28 anos (mulheres).

>> **IMPORTANTE**

O grau de deficiência será atestado por perícia do INSS, por meios desenvolvidos especificamente para esse fim. A existência de deficiência anterior à data da vigência da lei deverá ser certificada, inclusive quanto ao seu grau, por ocasião da primeira avaliação, sendo obrigatória a fixação da data provável do início da deficiência.

As pessoas com deficiência também poderão se aposentar aos 60 anos de idade, se homem, e aos 55 anos, se mulher, para qualquer grau de deficiência, desde que tenham contribuído por pelo menos 15 anos e comprovem a existência da deficiência pelo mesmo período.

O valor do benefício será de 100% do salário de benefício no caso de aposentadoria por tempo de contribuição. No caso de aposentadoria por idade, o benefício será de 70% do salário, acrescido de 1% para cada 12 contribuições mensais. Não existe suspensão do pagamento desse benefício, e sua cessação ocorre somente com a morte do segurado.

Auxílio-doença

Auxílio-doença é o benefício concedido a todos os segurados impedidos de trabalhar por doença ou **acidente de trabalho** por mais de 15 dias consecutivos (Artigos 59 a 64 da Lei nº 8.213/91) (BRASIL, 1991a). No caso dos trabalhadores com carteira assinada, exceto os domésticos, os primeiros 15 dias são pagos pelo empregador, e a Previdência Social paga a partir do 16º dia de afastamento do trabalho. Para os demais segurados, inclusive o doméstico, a Previdência paga o auxílio desde o início da incapacidade e durante sua permanência. Em ambos os casos, o segurado deve requerer o benefício por escrito.

>> **DEFINIÇÃO**
Acidente de trabalho é aquele ocorrido no exercício de atividades profissionais a serviço da empresa ou no trajeto entre a residência do trabalhador e a empresa em que trabalha.

Para receber esse benefício, o segurado deve ter feito 12 contribuições mensais, exceto no caso de acidentes e algumas doenças constantes da lista elaborada pelos Ministérios da Saúde e Previdência. É necessário comprovação da incapacidade em exame realizado pela perícia médica da Previdência Social. No caso de auxílio-doença e aposentadoria por invalidez concedidos em razão de acidente de trabalho ou de qualquer natureza, não se exige carência.

O valor do benefício será de 91% do salário de benefício calculado sobre a média dos 80% dos maiores salários de contribuição. O pagamento do benefício é suspenso quando o segurado não comparecer à perícia médica periódica ou à convocação do INSS; a cessação do pagamento ocorre pelo fim da incapacidade ou pela transformação em aposentadoria por invalidez ou em auxílio-acidente.

Salário-família

Salário-família é o benefício pago aos segurados empregados (exceto os domésticos) e aos trabalhadores avulsos e aposentados por invalidez, por idade e de outras modalidades a partir dos 65 anos, se homem, e dos 60 anos, se mulher, com salário mensal até o limite estabelecido, para auxiliar no sustento dos filhos de até 14 anos de idade ou inválidos de qualquer idade (Artigos 65 a 70 da Lei nº 8.213/91) (BRASIL, 1991a). Para a concessão do salário-família, a Previdência Social não exige tempo mínimo de contribuição.

A suspensão do pagamento acontece quando não são entregues os documentos para renovação. Já a cessação acontece nos seguintes casos:

- quando ocorre a morte do filho ou **equiparado**;
- quando o filho ou equiparado completa 14 anos, salvo se inválido;
- quando há recuperação da capacidade do filho inválido;
- quando há desemprego do segurado ou término do trabalho avulso.

Salário-maternidade

Têm direito ao salário-maternidade as seguradas empregadas, trabalhadoras avulsas, empregadas domésticas, contribuintes individuais, facultativas e seguradas especiais por ocasião do parto, inclusive nos casos de natimorto, aborto não criminoso, adoção ou guarda judicial para fins de adoção (Artigos 71 a 73 da Lei nº 8.213/91) (BRASIL, 1991a). Considera-se parto o nascimento ocorrido a partir da 23ª semana de gestação, mesmo em caso de natimorto, conforme Artigo 233, § 2º, da Instrução Normativa nº 57 (BRASIL, 2001c).

O benefício é pago durante 120 dias e poderá ter início até 28 dias antes do parto. Se for concedido antes do nascimento da criança, a comprovação será feita por atestado médico; se for concedido em data posterior ao parto, a prova será a certidão de nascimento.

Para a concessão do salário-maternidade, não é exigido tempo mínimo de contribuição das trabalhadoras empregadas, empregadas domésticas e trabalhadoras avulsas, desde que comprovem filiação nesta condição na data do afastamento para fins de salário-maternidade ou na data do parto. A contribuinte individual, a segurada facultativa e a segurada especial (que optou por contribuir) têm que ter pelo menos 10 contribuições para receber o benefício. As regras para o cálculo do valor desse benefício são apresentadas no Quadro 10.2.

> **DEFINIÇÃO**
> São considerados equiparados aos filhos os enteados e os tutelados, estes desde que não possuam bens suficientes para o próprio sustento, devendo ser comprovada a dependência econômica de ambos.

Quadro 10.2 » Regras para o cálculo do valor do salário-maternidade

Empregadas	Remuneração devida no mês de seu afastamento
Trabalhadoras avulsas	Última remuneração integral equivalente a um mês de trabalho
Empregadas domésticas	Último salário de contribuição
Contribuintes individuais e facultativas	Média dos 12 últimos salários de contribuição
Seguradas especiais	Um salário mínimo

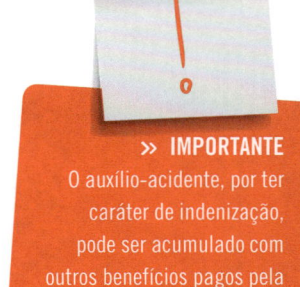

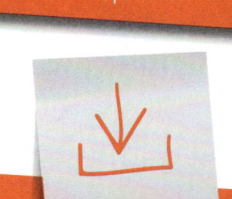

A suspensão do pagamento não acontece em nenhuma situação depois de concedido o benefício, e sua cessação ocorre da seguinte forma:

- em caso de gestação normal, 120 dias depois do dia de início de pagamento;
- em caso de aborto não criminoso, duas semanas após o evento;
- em caso de adoção, 120 dias para crianças de até 1 ano, 60 dias para crianças de 1 a 4 anos, e 30 dias para crianças de 4 a 8 anos.

Auxílio-acidente

Auxílio-acidente é o benefício pago ao trabalhador que sofre um acidente e fica com sequelas que reduzem sua capacidade de trabalho (Artigo 86 da Lei nº 8.213/91). Esse benefício é concedido para segurados que recebiam auxílio-doença. Têm direito ao auxílio-acidente o trabalhador empregado, o trabalhador avulso e o segurador especial. O empregado doméstico, o contribuinte individual e o facultativo não recebem o benefício.

Para a concessão do auxílio-acidente, não é exigido tempo mínimo de contribuição, mas o trabalhador deve ter qualidade de segurado e comprovar, por meio da perícia médica realizada pela Previdência Social, a impossibilidade de continuar desempenhando suas atividades.

O valor do benefício é de 50% do salário de benefício, podendo ser inferior ao salário mínimo. A suspensão do pagamento ocorre em caso de retorno da mesma doença que o originou, caso em que o trabalhador passa a receber novamente o auxílio-doença. A cessação do pagamento ocorre pela aposentadoria ou pela morte do segurado.

Conforme estabelecido no Artigo 16, a Previdência Social também ampara os **dependentes** do segurado.

> Artigo 16. São beneficiários do Regime Geral de Previdência Social, na condição de dependentes do segurado:
>
> I - o cônjuge, a companheira, o companheiro e o filho não emancipado, de qualquer condição, menor de 21 (vinte e um) anos ou inválido ou que tenha deficiência intelectual ou mental que o torne absoluta ou relativamente incapaz, assim declarado judicialmente;
>
> II - os pais;
>
> III - o irmão não emancipado, de qualquer condição, menor de 21 (vinte e um) anos ou inválido ou que tenha deficiência intelectual ou mental que o torne absoluta ou relativamente incapaz, assim declarado judicialmente;.

Benefícios garantidos aos dependentes do segurado

Pensão por morte

A pensão por morte é um benefício pago à família do trabalhador que falece (Artigos 74 a 79 da Lei nº 8.213/91) (BRASIL, 1991a). Para sua concessão, não há tempo mínimo de contribuição, mas é necessário que o óbito tenha ocorrido enquanto o trabalhador possuía a qualidade de segurado.

>> **IMPORTANTE**
O auxílio-acidente, por ter caráter de indenização, pode ser acumulado com outros benefícios pagos pela Previdência Social, exceto aposentadoria.

>> **DEFINIÇÃO**
Dependentes são aqueles que mantêm um vínculo jurídico não com a Previdência Social, mas sim com o segurado. Esse vínculo se resume à dependência econômica/jurídica.

A pensão por morte é devida ao(s) dependente(s) do segurado, aposentado ou não, que falece. O valor da pensão por morte é de 100% da aposentadoria que o segurado recebia ou teria direito a receber caso se aposentasse por invalidez, dividido em partes iguais entre os seus dependentes.

Perde o direito à pensão o (a) pensionista que falecer; o menor que se emancipar ou completar 21 anos de idade, salvo se inválido; e o inválido, caso cesse a sua invalidez. A suspensão do pagamento acontece pela cessação da invalidez, verificada em exame médico-pericial marcado pela Previdência Social, ou em caso de não comparecimento a esse exame. Há cessação do pagamento quando ocorre a morte do pensionista.

Auxílio-reclusão (BRASIL, 1991a)

O auxílio-reclusão é um benefício pago aos dependentes do segurado recolhido **à prisão sob regime fechado ou semiaberto, desde que seu último salário de contribuição seja igual ou inferior ao limite estabelecido para baixa renda** (Artigo 80 da Lei nº 8213/91). O valor do auxílio é de 100% do valor da aposentadoria que o segurado recebia ou daquela a que teria direito se estivesse aposentado por invalidez na data de seu recolhimento à prisão.

A suspensão do pagamento do auxílio-reclusão ocorre nas seguintes situações:

- se fugir;
- se receber auxílio-doença;
- se o dependente deixar de apresentar atestado trimestral;
- quando o segurado deixar a prisão por livramento condicional, por cumprimento da pena em regime aberto ou por prisão-albergue.

A cessação do pagamento desse benefício ocorre nas seguintes situações:

- pela perda da qualidade de dependente, com a extinção da última cota individual;
- pelo início de recebimento de aposentadoria pelo segurado;
- pelo óbito do segurado;
- na data da soltura.

O Artigo 18, inciso III, da Lei nº 8213/91 estabelece que a Previdência Social também deve oferecer aos segurados e seus dependentes serviços de assistência social e reabilitação profissional (artigo 88). Esses serviços são objetos da Seção VI - Dos Serviços, e a Subseção I trata do Serviço Social.

O **Benefício de Prestação Continuada da Assistência Social** (BPC) é um dos exemplos de serviço social instituído pela Constituição Federal de 1988 e regulamentado pelas seguintes leis e decretos:

- Lei Orgânica da Assistência Social (LOAS) (BRASIL, 1993)
- Lei nº 8.742, de 7 de dezembro de 1993 (BRASIL, 1993)
- Lei nº 12.435, de 6 de julho de 2011 (BRASIL, 2011a), e Lei nº 12.470, de 31 de agosto de 2011 (BRASIL, 2011b), que alteram dispositivos da LOAS
- Decretos nº 6.214, de 26 de setembro de 2007 (BRASIL, 2007), e nº 6.564, de 12 de setembro de 2008 (BRASIL, 2008)

>> **PARA SABER MAIS**
Para saber mais sobre os planos de benefícios da Previdência Social, acesse a Lei nº 8.213/91, disponível no ambiente virtual de aprendizagem Tekne.

O BPC é um benefício que integra a proteção social básica no âmbito do Sistema Único de Assistência Social (SUAS), e para acessá-lo não é necessário ter contribuído com a Previdência Social. É um benefício individual, não vitalício e intransferível que assegura a transferência mensal de um salário mínimo ao idoso (acima de 65 anos) e à pessoa com deficiência, de qualquer idade, com impedimentos de longo prazo de natureza física, mental, intelectual ou sensorial, os quais, em interação com diversas barreiras, podem obstruir sua participação plena e efetiva na sociedade em igualdade de condições com as demais pessoas. Em ambos os casos, devem comprovar não possuir meios de garantir o próprio sustento, nem tê-lo provido por sua família. A renda mensal familiar per capita deve ser inferior a um quarto do salário mínimo vigente.

A gestão do BPC é realizada pelo Ministério do Desenvolvimento Social e Combate à Fome (MDS), por intermédio da Secretaria Nacional de Assistência Social (SNAS), que é responsável por implementar, coordenar, regular, financiar, monitorar e avaliar o benefício. A operacionalização é realizada pelo INSS, e os recursos para o custeio do BPC provêm da Seguridade Social, sendo administrados pelo MDS e repassados ao INSS por meio do Fundo Nacional de Assistência Social (FNAS).

A Subseção II da Lei nº 8.213/91 (BRASIL, 1991a), em seu Artigo 89, trata da habilitação e da reabilitação profissional. Consulte o texto da lei para entender melhor o tema.

Seguro-desemprego

O seguro-desemprego é um benefício concedido por força do Artigo 201, inciso III, e § 7º, inciso II, da Constituição Federal (BRASIL, 1988b), sendo tratado pela Lei nº 7.998/90 (BRASIL, 1990d). É custeado com recursos do Fundo de Amparo ao Trabalhador (FAT), dentre outros. Todos os trabalhadores urbanos e rurais têm direito a recebê-lo, desde que atendam aos seguintes requisitos:

- ter sido dispensado sem justa causa;
- estar desempregado quando do requerimento do benefício;
- ter recebido salários consecutivos no período de 6 meses anteriores à data de dispensa;
- ter sido empregado de pessoa jurídica ou pessoa física equiparada à jurídica durante, pelo menos, 6 meses nos últimos 36 meses que antecedem a data de dispensa;
- não possuir renda própria para o seu sustento e de sua família;
- não receber benefício de prestação continuada da Previdência Social, exceto pensão por morte ou auxílio-acidente.

Esse benefício é considerado uma assistência financeira, sendo concedido em no máximo cinco parcelas, de forma contínua ou alternada, a cada período aquisitivo de 16 meses, conforme a seguinte relação:

- três parcelas, se trabalhou de 6 a 11 meses;
- quatro parcelas, se trabalhou de 12 a 23 meses;
- cinco parcelas, se trabalhou mais 24 meses.

> **» PARA SABER MAIS**
> Para saber mais sobre os programas de reabilitação profissional, leia o texto do Decreto nº 3.048, de 6 de maio de 1999, disponível no ambiente virtual de aprendizagem Tekne.

> **» ATENÇÃO**
> O seguro-desemprego é suspenso se o segurado for admitido em outro emprego.

» Estabilidade empregatícia

A CLT proporciona garantia de emprego e estabilidade com base no princípio da continuidade da relação empregatícia, apesar de as empresas poderem indenizar seus funcionários e esses poderem resgatar o FGTS. A garantia de emprego é proporcionada a todos os empregados por meio de atos e normas criados pelos instrumentos jurídicos vigentes, que impedem e dificultam a dispensa imotivada ou arbitrária. A estabilidade é apenas um dos mecanismos de garantia do emprego, ou seja, é um impedimento, temporário ou definitivo, para o empregador dispensar sem justo motivo ou de forma arbitrária o seu empregado. Caso haja a dispensa, o empregado tem direito à reintegração, salvo se o período estabilitário já tiver se esgotado ou esta não for recomendada (Artigo 467 da CLT).

A seguir são apresentados os diferentes tipos de estabilidade previstos pela legislação para os empregados (BRASIL, 1943).

Estabilidade absoluta: Na estabilidade absoluta, a dispensa está condicionada única e exclusivamente ao cometimento de falta grave pelo empregado. As hipóteses de justa causa estão previstas no Artigo 482 da CLT. Pela sua repetição ou pela sua natureza, os fatos descritos como justa causa podem ser considerados faltas graves (Artigo 493 da CLT).

Estabilidade relativa: A dispensa está condicionada tanto ao cometimento de falta grave (motivo disciplinar, Artigo 482 da CLT) quanto à ocorrência de motivos de ordem técnica, econômica e financeira, como no caso da gestante e do membro da CIPA. A dispensa não pode ser arbitrária, ou seja, dispensa que não se funda em motivo disciplinar, técnico, econômico ou financeiro (Artigo 165 da CLT).

Estabilidade definitiva: A estabilidade definitiva é a garantia de continuar no emprego de forma indefinida, mesmo contra a vontade do empregador, salvo por motivo de falta grave (p. ex., estabilidade decenal, Artigo 492 da CLT).

Estabilidade provisória: É o direito conferido a certos empregados, em razão de circunstâncias excepcionais em que se colocam em relação ao emprego, de não ser dispensado sem um justo motivo ou de forma arbitrária por um determinado período (p. ex., dirigente e representante sindical, representante dos trabalhadores na CIPA, acidentado, gestante).

As estabilidades provisórias (também denominadas estabilidade especial, temporária ou imprópria) têm esse nome porque o empregado só tem direito a elas enquanto perdurar a situação que lhes deu origem. Esse tipo de estabilidade pode estar previsto em lei (constituição ou normas infraconstitucionais), instrumento normativo (convenção ou acordo coletivo), regulamento da empresa ou até contratos individuais de trabalho.

Uma vez dispensado sem justa causa, o empregado que estiver dentro do período estabilitário poderá pleitear uma tutela antecipada (liminar) no intuito de promover a **reintegração** (aplicação analógica do Artigo 659, inciso X da CLT c/c Artigo 461 do CPC c/c Artigo 769 da CLT).

> » **IMPORTANTE**
> Quando não for aconselhada a reintegração em face do grau de animosidade existente no ambiente de trabalho, o magistrado pode de ofício deferir o pagamento dos salários do período de estabilidade em dobro (artigo 496 da CLT). No entanto, uma vez exaurido o período estabilitário, são devidos os salários do período compreendido entre a despedida e o final do período de estabilidade, não sendo assegurada ao empregado a reintegração no emprego (Súmula 396 I do TST).

As estabilidades provisórias previstas em lei são:

Comissão Interna de Prevenção de Acidentes (CIPA): De acordo com o Artigo 10, inciso II, alínea "a" do Ato das Disposições Constitucionais Transitórias da Constituição Federal (BRASIL, 1988b), o empregado eleito para o cargo de direção de comissões internas de prevenção de acidentes, desde o registro de sua candidatura até um ano após o final de seu mandato, não pode ser dispensado arbitrariamente ou sem justa causa.

Gestante: O Artigo 10, inciso II, alínea "b" do Ato das Disposições Constitucionais Transitórias da Constituição Federal (BRASIL, 1988b) confere à empregada gestante a estabilidade provisória desde a confirmação da gravidez até cinco meses após o parto.

Dirigente sindical: De acordo com o Artigo 543, parágrafo 3º da CLT (BRASIL, 1943), e o Artigo 8º da Constituição Federal (BRASIL, 1988b), não pode ser dispensado do emprego o empregado sindicalizado ou associado desde o momento do registro de sua candidatura a cargo de direção ou representação de entidade sindical ou associação profissional até um ano após o final do seu mandato, caso seja eleito, inclusive como suplente, salvo se cometer falta grave devidamente apurada nos termos da legislação.

Dirigente de cooperativa: A Lei nº 5.764/71, em seu Artigo 55, prevê que "[...] os empregados de empresas que sejam eleitos diretores de sociedades cooperativas por eles mesmos criadas gozarão das garantias asseguradas aos dirigentes sindicais pelo artigo 543 da CLT." (BRASIL, 1971), ou seja, desde o registro da candidatura até um ano após o término de seu mandato.

Acidente de trabalho: De acordo com o Artigo 118 da Lei nº 8.213/91 (BRASIL, 1991a), o segurado que sofreu acidente de trabalho tem garantido, pelo prazo de 12 meses, a manutenção de seu contrato de trabalho na empresa após a cessação do auxílio-doença acidentário, independentemente de percepção de auxílio-acidente.

As estabilidades previstas em acordos sindicais e convenções coletivas são as seguintes:

- garantia ao empregado em vias de aposentadoria;
- aviso prévio;
- complementação de auxílio-doença;
- estabilidade da gestante.

O empregador deverá verificar, junto ao sindicato, as garantias asseguradas à categoria profissional a que pertencem os seus empregados, visto que as situações apresentadas podem não contemplar todas as hipóteses. Os benefícios previdenciários seguem os princípios do direito e da equidade, sendo, portanto, bastante abrangentes e aplicáveis no contexto da sociedade, seja como instrumento de seguro, saúde ou assistência.

>> Agora é a sua vez!

Visite uma das agências da Previdência Social e entreviste a pessoa responsável pela concessão de benefícios como se você fosse um jornalista. A entrevista deve ser feita com o objetivo de averiguar como os assuntos tratados neste capítulo são conduzidos pela Previdência Social. Após realizar a entrevista, organize e guarde as informações como um documento informativo complementar deste capítulo.

>> **NO SITE**
No ambiente virtual de aprendizagem Tekne você encontra dicas sobre como fazer uma boa entrevista.

capítulo 11

Código de ética do profissional de segurança do trabalho

Este capítulo detalha o Código de Ética do Profissional de Segurança do Trabalho e apresenta temas relacionados à conduta desse profissional, incluindo direitos, deveres e proibições. Questões como relacionamento interpessoal e marketing pessoal também são abordadas, sempre enfatizando a importância da ética nas relações profissionais.

Objetivos de aprendizagem

» Interpretar o Código de Ética do Profissional de Segurança do Trabalho e suas aplicações.

» Avaliar os aspectos envolvidos em todas as esferas de atuação do técnico de segurança do trabalho e as responsabilidades éticas decorrentes.

» Compreender a importância da ética no ambiente de trabalho.

» Para começar

O Código de Ética do profissional de segurança do trabalho é formado por um conjunto de normas e valores estabelecidos pelos conselhos regionais que regulam e fiscalizam o exercício da profissão, com a finalidade de padronizar procedimentos e comportamentos dos profissionais durante o exercício de suas atividades. Ele é um guia de atitudes e valores positivos aplicados no ambiente de trabalho. Para o profissional de segurança do trabalho, seguir o Código de Ética é fundamental, pois seu trabalho depende da confiança depositada pelas pessoas na sua capacidade técnica de análise e julgamento.

> » **DEFINIÇÃO**
> Ética é uma palavra de origem grega (*éthos*) que significa propriedade do caráter. Ser ético é agir dentro dos padrões convencionais, é proceder bem, é não prejudicar o próximo. É acompanhar os valores estabelecidos pela sociedade.

A ética está presente em todos os atos praticados pelo ser humano em sua convivência social. Ela reflete a consciência moral da pessoa e representa sua forma de ser e de pensar sobre os deveres e os direitos, sobre o bem e o mal, sobre o certo e o errado.

A ética é o reflexo dos valores pessoais que autorizam ou não a pessoa a demonstrar comportamentos relacionados a questões como honra, bondade, fidelidade e caridade. No ambiente de trabalho, a ética eleva a produtividade da empresa, proporciona um ambiente de trabalho favorável, melhora o relacionamento interpessoal e gera segurança e confiança entre as pessoas.

» Técnico de segurança do trabalho

A profissão de técnico de segurança do trabalho surgiu pela publicação da Lei nº 7.410, de 27 de novembro de 1985 (BRASIL, 1985a), que dispõe sobre a especialização de engenheiros e arquitetos em engenharia de segurança do trabalho, a profissão de técnico de segurança do trabalho, e dá outras providências.

> Art. 2º - O exercício da profissão de Técnico de Segurança do Trabalho será permitido, exclusivamente:
>
> I - ao portador de certificado de conclusão de curso de Técnico de Segurança do Trabalho, a ser ministrado no País em estabelecimentos de ensino de 2º grau;
>
> II - ao portador de certificado de conclusão de curso de Supervisor de Segurança do Trabalho, realizado em caráter prioritário pelo Ministério do Trabalho;
>
> III - ao possuidor de registro de Supervisor de Segurança do Trabalho, expedido pelo Ministério do Trabalho, até a data fixada na regulamentação desta Lei (Lei nº 7.410, de 27 de novembro de 1985).

A regulamentação da Lei nº 7.410/85 (BRASIL, 1985a) foi feita por meio do Decreto nº 92.530, de 9 de abril de 1986 (BRASIL, 1986b), que dispõe sobre a especialização de engenheiros e arquitetos em engenharia de segurança do Trabalho, a profissão de técnico de segurança do trabalho, e dá outras providências:

Art. 2º O exercício da profissão de Técnico de Segurança do Trabalho é permitido, exclusivamente:

I - ao portador de certificado de conclusão de curso de Técnico de Segurança do Trabalho, ministrado no País em estabelecimento de ensino de 2º grau;

II - ao portador de certificado de conclusão de curso de Supervisor de Segurança do Trabalho, realizado em caráter prioritário pelo Ministério do Trabalho;

III - ao possuidor de registro de Supervisor de Segurança do Trabalho, expedido pelo Ministério do Trabalho até 180 dias da extinção do curso referido no item anterior.

Art. 6º As atividades de Técnico de Segurança do Trabalho serão definidas pelo Ministério do Trabalho, no prazo de 60 dias, após a fixação do respectivo *currículo* escolar pelo Ministério da Educação, na forma do artigo 3º.

Art. 7º O exercício da profissão de Técnico de Segurança do Trabalho depende de registro no Ministério do Trabalho (Decreto nº 92.530/86).

As atividades do técnico de segurança do trabalho foram definidas por meio da Portaria nº 3.275, de 21 de setembro de 1989 (BRASIL, 1989b), do Ministério do Trabalho.

Em 1992, foi fundada a Federação Nacional dos Técnicos em Segurança do Trabalho, entidade sindical representativa da categoria nacionalmente, que unificou todos os sindicatos da categoria existentes no país. Os conselhos regionais surgiram em diversas épocas em vários estados, mas ainda não existe um conselho federal da categoria.

A Federação Nacional dos Técnicos em Segurança do Trabalho publicou um Código de Ética composto por 9 capítulos e 65 artigos elaborado por uma comissão composta por membros das entidades representativas dos técnicos em segurança do trabalho com a finalidade de balizar o comportamento desses profissionais até a regulamentação do Conselho Federal dos Técnicos de Segurança do Trabalho. Quando esse conselho for instituído, provavelmente será publicado um novo Código de Ética.

>> **NO SITE**
O texto da Portaria nº 3.275/89 está disponível no ambiente virtual de aprendizagem Tekne (www.grupoa.com.br/tekne).

>> **PARA SABER MAIS**
Acesse o ambiente virtual de aprendizagem Tekne para ler na íntegra o Código de Ética publicado pela FENATESP.

>> Código de Ética dos técnicos de segurança do trabalho

>> Atividades exercidas

De acordo com o Artigo 4, as funções, quando no exercício profissional do técnico de segurança do trabalho, são definidas pela Portaria nº 3.275, de 21 de setembro de 1989. O Artigo 1º da Portaria nº 3.275/89 (BRASIL, 1989b) estabelece as 18 atividades dos técnicos de segurança do trabalho que compõem o Capítulo I do Código de Ética, as quais são listadas e comentadas a seguir.

I - Informar o empregador, através de parecer técnico, sobre os riscos existentes nos ambientes de trabalho, bem como orientá-lo sobre as medidas de eliminação e neutralização.

Todas as informações fornecidas são documentadas, e cópias dessas informações são distribuídas aos responsáveis pelas áreas envolvidas. As soluções apresentadas e implantadas são monitoradas pelo SESMT e pela CIPA, e relatórios sobre os resultados precisam ser igualmente feitos e distribuídos.

> II - Informar os trabalhadores sobre os riscos da sua atividade, bem como as medidas de eliminação e neutralização.

A informação pode ser transmitida com o uso de recursos visuais (cartazes e placas) ou disseminada por meio do *site* da empresa, do jornal interno ou de palestras e treinamentos. Também podem ser adotadas atividades de simulação de situações de risco e ações preventivas orientadas.

> III - Analisar os métodos e os processos de trabalho e identificar os fatores de risco de acidente de trabalho, doenças profissionais e do trabalho e a presença de agentes ambientais agressivos ao trabalhador, propondo sua eliminação ou seu controle.

O mapa de riscos feito pela CIPA têm de estar presente em todas as áreas da empresa, cabendo ao técnico de segurança do trabalho verificar constantemente se existem novos riscos a serem tratados. A cada novo risco ou possibilidade de risco, devem ser realizadas as atividades previstas nos itens I e II.

> IV - Executar os procedimentos de segurança e higiene do trabalho e avaliar os resultados alcançados, adequando-os às estratégias utilizadas de maneira a integrar o processo prevencionista em uma planificação, beneficiando o trabalhador.

Todos os procedimentos de segurança devem ser executados de acordo com a necessidade existente em cada atividade na empresa conforme previsto nas normas regulamentadoras (NRs). O acompanhamento dos procedimentos existentes e o planejamento das ações necessárias são prioridades compartilhadas por todos os responsáveis pelas áreas da empresa.

> V - Executar programas de prevenção de acidentes do trabalho, doenças profissionais e do trabalho nos ambientes do trabalho com a participação dos trabalhadores, acompanhando e avaliando os seus resultados, bem como sugerindo constante atualização dos mesmos e estabelecendo procedimentos a serem seguidos.

Esses programas têm de ser realizados em conjunto com o SESMT e a CIPA, fazer parte do planejamento de ações previsto no item IV e ser divulgados a todos na empresa nos moldes do previsto nas atividades I e II.

> VI - Promover debates, encontros, campanhas, seminários, palestras, reuniões, treinamentos e utilizar outros recursos de ordem didática e pedagógica com o objetivo de divulgar as normas de segurança e higiene do trabalho, assuntos técnicos, administrativos e prevencionistas, visando evitar acidentes do trabalho, doenças profissionais e do trabalho.

Todas essas atividades envolvem gastos, portanto, é interessante inclui-las nos planos de ação do SESMT e da CIPA. Também é necessário cumprir as atividades previstas nos itens I e II, para que os planos contem com o apoio de todos.

> VII - Executar as normas de segurança referentes a projetos de construção, ampliação, reforma, arranjos físicos e de fluxos, com vistas à observância das medidas de segurança e higiene do trabalho, inclusive por terceiros.

> **» IMPORTANTE**
> Somente executando as atividades previstas nos itens I, II e III da Portaria nº 3.275/89, de 21 de setembro de 1989, é possível repassar a todos os funcionários os procedimentos de segurança necessários para o desempenho das funções.

As obras civis exigem a elaboração do PCMAT ou do PPRA da obra, motivo pelo qual tudo o que precisa ser feito será apontado nesses programas. Os projetos que envolvem instalações, remoções e trocas de maquinário devem ser objeto de estudo e avaliação dos possíveis riscos. As mudanças de *layout* também passam por análises. Todas as observações precisam obedecer ao previsto nos itens I e II.

> VIII - Encaminhar aos setores e áreas competentes normas, regulamentos, documentação, dados estatísticos, resultados de análise e avaliações, materiais de apoio técnico, educacional e outros de divulgação para conhecimento e autodesenvolvimento do trabalhador.

O técnico de segurança do trabalho deve procurar apoio na empresa para produzir os materiais gráficos e didáticos que serão distribuídos aos responsáveis pelas atividades. A qualidade do material e a forma de apresentação das informações e dos dados podem ser o motivo do sucesso ou fracasso do atingimento de uma meta.

> IX - Indicar, solicitar e inspecionar equipamentos de proteção contra incêndio, recursos audiovisuais e didáticos e outros materiais considerados indispensáveis, de acordo com a legislação vigente, dentro das qualidades e especificações técnicas recomendadas, avaliando o seu desempenho.

Todas essas atividades devem fazer parte de um plano de trabalho anual composto por um cronograma de acompanhamento, verificações e avaliações. Diversas ações podem ser sugeridas, mas todas elas são tratadas nos planos do SESMT e da CIPA.

> X - Cooperar com as atividades do meio ambiente, orientando quanto ao tratamento e destino dos resíduos industriais, incentivando a conscientização do trabalhador da sua importância para a vida.

Todos os programas devem ser implantados em conjunto com o SESMT e a CIPA e sempre acompanhados de planos de divulgação, comunicação e treinamento.

> XI - Orientar as atividades desenvolvidas por empresas contratadas quanto aos procedimentos de segurança e higiene do trabalho previstos na legislação ou constantes em contratos de prestação de serviço.

Sempre que uma empresa for contratada, deve ser exigido que ela apresente todos os documentos previstos nas NRs de acordo com as atividades que desenvolverá e, se não possuir, implantar os mesmos programas de saúde e segurança do trabalho exigidos pela lei para a empresa contratante. Também deve ser solicitado que a contratada providencie as adaptações previstas nas cláusulas de convenções coletivas da empresa contratante.

> XII - Executar as atividades ligadas à segurança e higiene do trabalho, utilizando métodos e técnicas científicas, observando dispositivos legais e institucionais que objetivem a eliminação, controle ou redução permanente dos riscos de acidentes do trabalho e a melhoria das condições do ambiente, para preservar a integridade física e mental dos trabalhadores.

As técnicas estão em constante evolução, e a tecnologia modifica-se diariamente, sendo necessário ao técnico de segurança do trabalho manter-se atualizado e reciclar e desenvolver frequentemente seus conhecimentos e competências.

> XIII - Levantar e estudar os dados estatísticos de acidentes do trabalho, doenças profissionais e do trabalho, calcular a frequência e a gravidade destes para ajustes das ações prevencionistas, normas, regulamentos e outros dispositivos de ordem técnica que permitam a proteção coletiva e individual.

Por meio das informações contidas nos relatórios de acidentes (p. ex., data e horário dos acidentes, tempo de função do acidentado), é possível tabular e divulgar graficamente e de outras formas o que está sendo feito pela segurança de todos. A leitura das informações contribui para todos os programas de segurança, uma vez que os empregados e colaboradores da empresa são informados e sentem-se envolvidos.

> **» DICA**
>
> A organização de dados estatísticos é uma ferramenta importante para o planejamento e a priorização das atividades preventivas.

> XIV - Articular e colaborar com os setores responsáveis pelos recursos humanos, fornecendo-lhes resultados de levantamentos técnicos de riscos das áreas e atividades para subsidiar a adoção de medidas de prevenção em nível de pessoal.

O técnico de segurança do trabalho exerce uma função de mediação entre a empresa e seus funcionários nas questões que envolvem providências por parte da empresa e por parte dos funcionários. Geralmente, a atividade do técnico choca-se com os interesses da empresa ou de seus gestores, e a negociação, o convencimento e a comprovação da existência dos riscos e da necessidade de ações são tarefas delicadas e importantes que requerem "jogo de cintura", flexibilidade e, ao mesmo tempo, firmeza em sua condução.

> XV - Informar os trabalhadores e o empregador sobre as atividades insalubres, perigosas e penosas existentes na empresa, seus riscos específicos, bem como as medidas e alternativas de eliminação ou neutralização dos mesmos.

A identificação dos riscos é fundamental, e um PPRA bem elaborado é a base para a atividade que deve ser feita constantemente por meio dos instrumentos de informação disponíveis e utilizados pela empresa. As atividades previstas nos itens anteriores e os comentários formulados contribuem para que essa atividade seja realizada.

> XVI - Avaliar as condições ambientais de trabalho e emitir parecer técnico que subsidie o planejamento e a organização do trabalho de forma segura para o trabalhador.

Os parâmetros quantificados e definidos pelo PPRA têm de ser monitorados constantemente com o uso de tecnologias e equipamentos que permitam identificar possíveis variações no ambiente de trabalho (ruído, luminosidade, calor, agentes químicos e outros). Os relatórios e pareceres técnicos são encaminhados nos moldes das atividades I e II.

> XVII - Articular-se e colaborar com os órgãos e entidades à prevenção de acidentes do trabalho, doenças profissionais e do trabalho.

O técnico de segurança do trabalho deve participar de grupos de estudos, frequentar fóruns sobre temas ligados à segurança do trabalho e relacionar-se com órgãos e entidades que estudam e geram novos conhecimentos, métodos e procedimentos de prevenção de acidentes e de melhoria da qualidade do meio ambiente e de vida dos trabalhadores.

XVIII - Participar de seminários, treinamentos, congressos e cursos visando ao intercâmbio e ao aperfeiçoamento profissional.

Ao cumprir as atividades previstas no item anterior, o técnico de segurança do trabalho conseguirá manter-se informado sobre os eventos, cursos e treinamentos dos quais precisa e deve participar. A ampliação do horizonte de conhecimentos permite que o técnico acompanhe a evolução tecnológica e conceitual.

>> Atribuições profissionais

O técnico de segurança do trabalho depende muito da colaboração e do apoio de pessoas que ocupam cargos com poder de decisão nas empresas. É importante que ele mostre a essas pessoas que é competente, passando uma imagem de responsabilidade e colaboração. Para criar essa imagem, não basta apenas cumprir as atividades previstas em leis, decretos e portarias: é preciso desenvolver um *marketing* pessoal e utilizar técnicas de comunicação para fazer-se notar e ser reconhecido como um profissional importante no dia a dia da empresa.

Quadro 11.1 >> Sugestões para desenvolver o *marketing* pessoal

1. Transforme seus talentos em oportunidades. As empresas adoram isso. Sempre demonstre disposição para aprender com todas as pessoas e situações. Ninguém sabe tudo.

2. Crie uma marca pessoal baseada na sua personalidade, na sua maneira de se comunicar, na sua alegria, na sua maneira de vestir-se, no seu bom senso, e em outras qualidades. As empresas procuram por pessoas com esses traços pessoais.

3. Realize os trabalhos sob sua responsabilidade com qualidade acima da esperada. Exceda às expectativas de seus clientes internos. Seja criativo, use sua imaginação, improvise quando não houver recursos. Faça parte da solução e não do problema. Solucione problemas e será lembrado por todos.

4. Aumente o círculo de amizades e relacionamentos. As pessoas acreditam mais em você quando conhecem mais sobre você. Mantenha sua integridade e ética. A honestidade é imprescindível. O seu bom nome não tem preço.

5. Demonstre equilíbrio emocional, resistência física e saúde mental. Pessoas saudáveis possuem maiores chances de sucesso em suas vidas e carreiras.

>> **PARA SABER MAIS**
No ambiente virtual de aprendizagem Tekne você encontra dicas de como desenvolver um plano de marketing pessoal.

A seguir são apresentados os artigos do Capítulo II do Código de Ética (FEDERAÇÃO NACIONAL DOS TÉCNICOS DE SEGURANÇA DO TRABALHO, 20--?), relativos aos diversos aspectos comportamentais que devem compor o perfil do técnico de segurança do trabalho. Tais artigos constituem basicamente um resumo do conteúdo da Lei nº 7.410/85 (BRASIL, 1985a) e do Decreto nº 92.530/86 (BRASIL, 1986b), que regulamentam a profissão.

Artigo 5: Exercer o trabalho profissional com competência, zelo, lealdade, dedicação e honestidade, observando as prescrições legais e regulamentares da profissão e resguardando os interesses dos trabalhadores, conforme a Portaria nº 3.214 (BRASIL, 1978a) e suas NRs e as demais legislações prevencionistas.

Artigo 6: Acompanhar a legislação que rege o exercício profissional da segurança do trabalho, visando cumpri-la corretamente e colaborar para sua atualização e aperfeiçoamento.

Artigo 7: O técnico de segurança do trabalho poderá delegar parcialmente a execução dos serviços a seu cargo a um colega de menor experiência, mantendo-os sempre sob sua responsabilidade técnica.

Artigo 08: Considerar a profissão como alto título de honra e não praticar nem permitir a prática de atos que comprometam a sua dignidade.

Artigo 9: Cooperar para o progresso da profissão, mediante intercâmbio de informações sobre os seus conhecimentos e contribuição de trabalho às associações de classe e a colegas de profissão.

Artigo 10: Colaborar com os órgãos incumbidos da aplicação da lei de regulamentação do exercício profissional e promover, pelo seu voto nas entidades de classe, a melhor composição daqueles órgãos.

Artigo 11: O espírito de solidariedade, mesmo na condição de empregado, não induz nem justifica a participação ou conivência com o erro ou com os atos infringentes de normas técnicas que regem o exercício da profissão.

» Deveres do profissional

São muitos os deveres do técnico de segurança do trabalho, e todos têm muitos aspectos ligados ao comportamento pessoal. Os desafios a serem vencidos também são muitos, sendo necessário ter cuidado com as situações que podem gerar sentimentos positivos ou negativos em nós mesmos e no grupo de pessoas com que trabalhamos.

As pessoas são o reflexo de suas mentes, pois seu comportamento é fruto de sua forma de pensar. Não é possível parecer uma coisa e ser outra. Sofremos influências de todos os lados, mas nossos deveres têm de ser cumpridos de acordo com a realidade, sem temer o fracasso, sem ser arrogante e sempre valorizando a autoestima. A autoestima, o amor-próprio e a inteligência emocional são a base para o desempenho dos deveres.

A seguir são apresentados os artigos do Capítulo III do Código de Ética, relativos aos deveres do técnico de segurança do trabalho (FEDERAÇÃO NACIONAL DOS TÉCNICOS DE SEGURANÇA DO TRABALHO, 20--?).

Artigo 12: Guardar sigilo sobre o que souber em razão do exercício profissional lícito, inclusive no âmbito do serviço público, salvo os casos previstos em lei ou quando solicitado por autoridades competentes e instituições representativas da categoria.

Artigo 13: Se substituído em suas funções, informar ao substituto todos os fatos que devam chegar ao seu conhecimento, a fim de habilitá-lo para o bom desempenho das funções a serem exercidas.

Artigo 14: Abster-se de interpretações tendenciosas sobre a matéria que constitui objeto de perícia, mantendo absoluta independência moral e técnica na elaboração de programas prevencionistas de segurança e saúde no trabalho.

Artigo 15: Considerar e zelar com imparcialidade o pensamento exposto em tarefas e trabalhos submetidos a sua apreciação.

Artigo 16: Abster-se de dar parecer ou emitir opinião sem estar suficientemente informado e munido de documentos.

Artigo 17: Atender às instituições representativas da categoria, no sentido de colocar à sua disposição, sempre que solicitados, papéis de trabalho, relatórios e outros documentos que deram origem e orientaram a execução do seu trabalho.

Artigo 18: Os deveres do técnico de segurança do trabalho compreendem, além da defesa do interesse que lhe é confiado, o zelo do prestígio de sua classe e o aperfeiçoamento da técnica de trabalho.

Artigo 19: Manter-se regularizado com suas obrigações com as instituições representativas da categoria.

Artigo 20: Comunicar às instituições representativas da categoria fatos que envolvam recusa ou demissão de cargo, função ou emprego motivada pela necessidade do profissional em preservar os postulados éticos e legais da profissão.

» Conduta profissional

As empresas precisam de profissionais que mantenham postura e conduta profissional adequada e ética. A atitude do técnico de segurança do trabalho em relação às questões éticas pode ser a diferença entre o sucesso e o fracasso. Essa forma de ser também está relacionada aos comportamentos humanos, à competência pessoal e à personalidade.

Alguns princípios de postura e conduta pessoal e profissional comuns a todas as profissões são:

- honestidade no trabalho e lealdade com o empregador;
- consciência profissional e execução do trabalho com alto nível de resultado e esforços para aperfeiçoamento da profissão;
- respeito à dignidade da pessoa humana e tratamento cortês e respeitoso a superiores, colegas e subordinados hierárquicos;
- segredo profissional e discrição no exercício da profissão;
- prestação de contas ao superior imediato e observação das normas administrativas da organização.

A seguir são apresentados os artigos do Capítulo IV do Código de Ética, relativos à conduta do técnico de segurança do trabalho.

Artigo 21: Zelar pela própria reputação, mesmo fora do exercício profissional.

Artigo 22: Não contribuir para que sejam nomeadas pessoas que não tenham a necessária habilitação profissional para cargos rigorosamente técnicos.

Artigo 23: Na qualidade de consultor ou árbitro independente, agir com absoluta imparcialidade e não levar em conta nenhuma consideração de ordem pessoal.

Artigo 24: Considerar como confidencial toda informação técnica, financeira ou de outra natureza que obtenha sobre os interesses dos empregados ou empregador.

Artigo 25: Assegurar ao trabalhador e ao empregador um trabalho técnico livre de danos decorrentes de imperícia, negligência ou imprudência.

» Relações profissionais

A postura profissional e a boa relação com os colegas no ambiente de trabalho são fundamentais, pois a maioria das pessoas passa mais tempo na empresa do que em casa, com os amigos e a família. Ter um bom relacionamento com as pessoas com as quais convivemos é essencial para a nossa vida.

As seguintes atitudes podem fazer a diferença entre ter ou não uma boa relação com os colegas:

- cumprimentar as pessoas em sinal de reconhecimento e respeito e manter um caminho aberto para contato;
- manter o bom humor e tornar o ambiente mais agradável, otimista e aberto a contatos e sugestões;
- aceitar as diferenças existentes entre as pessoas sem julgá-las e excluí-las, mesmo não concordando com elas;
- oferecer ajuda aos colegas em dificuldades (eles esperam isso de você);
- não participar das fofocas que contaminam o ambiente de trabalho e evitar a distribuição de informações que deterioram os relacionamentos;
- manter uma postura madura diante dos problemas do dia a dia e utilizar-se dos fatos para encontrar as soluções;
- receber críticas e sugestões com naturalidade e fazê-las da mesma forma, tendo sempre em mente que o objetivo maior é o crescimento pessoal e profissional.

A seguir são apresentados os artigos do Capítulo V do Código de Ética, sobre a conduta do técnico de segurança do trabalho em relação a seus colegas.

Artigo 26: A conduta do técnico com os demais profissionais em exercício na área de segurança e saúde no trabalho deve se basear no respeito mútuo, na liberdade e na independência profissional de cada um, buscando sempre o interesse comum e o bem-estar da categoria.

Artigo 27: Deve ter para com os colegas apreço, respeito, consideração e solidariedade, sem, todavia, eximir-se de denunciar atos que contrariem os postulados éticos à Comissão de Ética da instituição em que exerce seu trabalho profissional e, se necessário, às instituições representativas da categoria.

> **» PARA REFLETIR**
> Atitudes simples, como cumprimentar os colegas e ter bom humor e iniciativa, podem transformar positivamente o ambiente e tornar o dia a dia muito mais produtivo (MEIRY KAMIA, 2012).

Artigo 28: Abster-se da aceitação de encargo profissional em substituição a colega que dele tenha desistido para preservar a dignidade ou os interesses da profissão ou da classe, desde que permaneçam as mesmas condições que ditaram o referido procedimento.

Artigo 29: Não tomar como seus ou desqualificar os trabalhos, iniciativas ou soluções encontradas por colegas, sem a necessária citação ou autorização expressa.

Artigo 30: Não prejudicar legítimos interesses ou praticar de maneiras falsas ou maliciosas, direta ou indiretamente, a reputação, a situação ou a atividade de um colega.

>> Proibições e diretrizes

As proibições existem em todas as empresas, e a maior parte delas tem como objetivo evitar comportamentos pessoais não desejados no ambiente de trabalho. As diretorias e gerências buscam, por meio de regulamentos e ações pedagógicas, difundir diretrizes morais e éticas para fortalecer a empresa.

As proibições visam a preservar a sinergia entre os colaboradores e promover padrões profissionais. Em geral, as proibições existentes na maioria das empresas são as descritas a seguir.

- Não comercializar produtos no ambiente de trabalho para não desperdiçar o tempo útil dos colegas ou embaraçá-los.
- Não discriminar socialmente os colegas ou inferiorizá-los em razão de seus atributos – gênero, raça, cor, preferência sexual, religião, região de origem, classe social, idade, incapacidade física ou mental, estado civil, nível hierárquico ou alguma característica física permanente ou temporária.
- Não fazer algum tipo de comunicação que possa ser considerada discriminatória, racista, obscena ou ofensiva ao pudor, seja entre colegas, seja entre colaboradores e terceiros.
- Não agir de forma irresponsável na execução das tarefas que lhe são afetas, sem seguir os padrões de segurança, as normas e as recomendações da empresa, no intuito de colocar em risco sua própria integridade física, a dos colegas ou a dos bens que lhe são confiados.
- Não fumar no local de trabalho.
- Não praticar jogos de azar nas dependências da empresa.
- Não comprometer o desempenho funcional com o consumo de bebidas alcoólicas ou substâncias ilícitas.
- Não portar, usar ou distribuir drogas ilícitas nas dependências da empresa para não cometer crime, constranger colegas nem prejudicar a própria saúde.
- Não portar armas nas dependências da empresa nem nos veículos de serviço.
- Não abusar hierarquicamente dos subordinados por meio de estereótipos negativos, intimidações explícitas, acusações de natureza étnica, comentários jocosos e depreciativos ou contatos físicos indesejados.
- Não praticar assédio moral, sexual, político, religioso ou organizacional.

- Não desqualificar publicamente colegas ou subordinados por meio de piadas ofensivas, insultos ou insinuações vexatórias.
- Não afetar a honra de quem quer que seja – colaborador, cliente, fornecedor, visitante ou qualquer outra pessoa que mantenha relações profissionais com a empresa por meio de injúria, calúnia ou difamação.
- Não deixar de comunicar ao superior imediato qualquer atividade ou situação que possa vir a afetar suas responsabilidades profissionais ou acarretar conflitos de interesse reais ou potenciais para a empresa.
- Não possuir interesses financeiros ou vínculos de qualquer outra espécie com empresa que mantenha negócios com a empresa ou, caso os tenha, abster-se de participar da contratação do terceiro ou da gestão do contrato para não ensejar suspeita de favorecimento.
- Não manter relações comerciais particulares, de caráter habitual, com clientes ou fornecedores, salvo transações eventuais que se realizem nas condições usuais de mercado ou que sejam destituídas de qualquer tipo de favorecimento.
- Não negociar em nome da empresa sem a expressa autorização de quem pode autorizar.
- Não ficar inadimplente em seus negócios pessoais a ponto de tornar-se vulnerável e pôr em risco sua integridade profissional.
- Não realizar empréstimos a juros para colegas nem lhes solicitar empréstimos, e evitar oferecer ou receber aval para a realização de operações pessoais, sempre visando a prevenir situações constrangedoras.

A seguir são apresentados os artigos do Capítulo VI do Código de Ética, relativos às proibições estabelecidas ao técnico de segurança do trabalho.

É vetado ao técnico de segurança do trabalho:

Artigo 31: Anunciar, em qualquer modalidade ou veículo de comunicação, conteúdo que resulte na diminuição do colega, da organização ou da classe.

Artigo 32: Assumir, direta ou indiretamente, serviços de qualquer natureza, com prejuízo moral ou desprestígio para a classe.

Artigo 33: Auferir qualquer provento em função do exercício profissional que não decorra exclusivamente de sua prática lícita ou serviços não prestados.

Artigo 34: Assinar documentos ou peças elaborados por outros, alheios à sua orientação, supervisão e fiscalização.

Artigo 35: Exercer a profissão quando impedido ou facilitar, por qualquer meio, o seu exercício aos não habilitados ou impedidos.

Artigo 36: Aconselhar o trabalhador ou o empregador contra disposições expressas em lei ou contra os princípios fundamentais e as normas brasileiras de segurança e saúde no trabalho.

Artigo 37: Revelar assuntos confidenciais por empregados ou empregador para acordo ou transação que, comprovadamente, tenha tido conhecimento.

Artigo 38: Iludir ou tentar a boa-fé de empregado, empregador ou terceiros, alterando ou deturpando o exato teor de documentos, bem como fornecendo falsas informações ou elaborando peças inidôneas.

Artigo 39: Elaborar demonstrações na profissão sem observância dos princípios fundamentais e das normas editadas pelas instituições representativas da categoria.

Artigo 40: Deixar de atender às notificações para esclarecimento à fiscalização ou intimações para instrução de processos.

Artigo 41: Praticar qualquer ato ou concorrência desleal que, direta ou indiretamente, possa prejudicar legítimos interesses de outros profissionais.

Artigo 42: Expressar-se publicamente sobre assuntos técnicos sem estar devidamente capacitado para tal e, quando solicitado a emitir sua opinião, somente fazê-lo com conhecimento da finalidade da solicitação e em benefício da coletividade.

Artigo 43: Determinar a execução de atos contrários ao código de ética que regulamenta o exercício da profissão.

Artigo 44: Usar de qualquer mecanismo de pressão ou suborno com pessoas físicas e jurídicas para conseguir qualquer tipo de vantagem.

Artigo 45: Utilizar de forma abusiva o poder que lhe confere a posição ou cargo para impor ordens, opiniões, inferiorizar as pessoas e/ou dificultar o exercício profissional.

>> Classe profissional

A seguir são apresentados os artigos do Capítulo VII do Código de Ética, relativos exclusivamente à classe profissional.

Artigo 46: Acatar as resoluções votadas pela classe, inclusive quanto a honorários.

Artigo 47: Prestigiar as entidades de classe, contribuindo, sempre que solicitado, para o sucesso de suas iniciativas em proveito da profissão, dos profissionais e da coletividade.

>> Direitos do trabalhador

Todos os trabalhadores possuem direitos garantidos pela CLT. Tais direitos consistem basicamente em (BRASIL, 1943):

- possuir a carteira de trabalho assinada para ter direito aos benefícios da Previdência Social, seguro-desemprego, FGTS, e outros;
- ter jornada de trabalho estabelecida e hora extra remunerada;
- receber o 13º salário igual à remuneração referente ao mês de dezembro;

- gozar de férias remuneradas por 30 dias corridos ao completar um ano com registro em carteira;
- receber os depósitos efetuados pela empresa no FGTS em uma conta no nome do trabalhador na Caixa Federal em caso de demissão sem justa causa ou diagnóstico de câncer ou AIDS (o FGTS também pode ser usado na aquisição da casa própria e na aposentadoria);
- receber o seguro-desemprego quando for demitido sem justa causa;
- receber o vale-transporte para locomover-se de sua residência para o local de trabalho;
- receber anualmente o abono salarial pago por meio do PIS ou do PASEP (Programa de Formação do Patrimônio do Servidor Público);
- receber o aviso prévio com 30 dias de antecedência em caso de demissão sem justa causa;
- receber um adicional de 20% pelo trabalho noturno;
- faltar ao trabalho mediante justificativa;
- gozar de licença-maternidade durante 120 dias remunerados após o parto (específico para mulheres).

Além de todos esses direitos trabalhistas, o Capítulo VII do Código de Ética do técnico de segurança do trabalho apresenta oito artigos relativos aos direitos garantidos a esse profissional, descritos a seguir (FEDERAÇÃO NACIONAL DOS TÉCNICOS DE SEGURANÇA DO TRABALHO, 20--?).

Artigo 48: Representar perante os órgãos competentes as irregularidades comprovadamente ocorridas na administração de entidade da classe.

Artigo 49: Recorrer às instituições representativas da categoria quando impedido de cumprir o presente código e as leis do exercício profissional.

Artigo 50: Renunciar às funções que exerce logo que positivar falta de confiança por parte do empregador, a quem deverá notificar com 30 dias de antecedência, zelando, contudo, para que os interesses dos empregadores não sejam prejudicados, evitando declarações públicas sobre os motivos da renúncia.

Artigo 51: O técnico de segurança do trabalho poderá publicar relatório, parecer ou trabalho técnico-profissional assinado sob sua responsabilidade.

Artigo 52: O técnico de segurança do trabalho, quando assistente técnico, auditor ou árbitro, poderá recusar sua indicação caso reconheça não se achar capacitado em face da especialização requerida.

Artigo 53: Recusar-se a executar atividades que não sejam de sua competência legal.

Artigo 54: Considerar-se impedido para emitir parecer ou elaborar tarefas em não conformidade com as normas de segurança e saúde no trabalho e orientações editadas pelas instituições representativas da categoria.

Artigo 55: O técnico de segurança do trabalho poderá requerer desagravo público às instituições representativas da categoria quando atingido, pública e injustamente, no exercício de sua profissão.

>> Penalidades previstas

Além das penalidades previstas na CLT (BRASIL, 1943), o Capítulo IX do Código de Ética do técnico de segurança do trabalho prevê, em seus Artigos 56 a 65, penalidades específicas para situações de descumprimento de preceitos do código (FEDERAÇÃO NACIONAL DOS TÉCNICOS DE SEGURANÇA DO TRABALHO, 20--?).

Artigo 56: A transgressão de preceito deste código constitui infração ética, sancionada, segundo a gravidade, com a aplicação de uma das seguintes penalidades:

- advertência reservada;
- censura reservada;
- censura pública.

Na aplicação das sanções éticas, são consideradas como atenuantes:

- falta cometida em defesa de prerrogativa profissional;
- ausência de punição ética anterior;
- prestação de relevantes serviços à classe.

Artigo 57: O julgamento das questões relacionadas à transgressão de preceitos do Código de Ética incumbe, originariamente, as instituições representativas da categoria, que funcionarão como Comissão de Ética, facultado recurso dotado de efeito suspensivo, interposto no prazo de 30 dias.

Artigo 58: Não cumprir, no prazo estabelecido, determinação das instituições representativas da categoria, depois de regularmente notificado.

Artigo 59: O recurso voluntário somente será encaminhado à Comissão de Ética para manter ou reformar parcialmente a decisão.

Artigo 60: Quando se tratar de denúncia, as instituições representativas da categoria comunicarão ao denunciante a instauração do processo até 30 dias depois de esgotado o prazo de defesa.

Artigo 61: Compete às instituições representativas da categoria, em cuja jurisdição se encontrar inscrito o técnico de segurança do trabalho, a apuração das faltas que cometerem contra este código e a aplicação das medidas previstas na legislação em vigor.

Artigo 62: As infrações deste Código de Ética serão julgadas pelas Comissões Especializadas instituídas pelas instituições representativas da categoria, conforme dispõe a legislação vigente.

Artigo 63: A cassação consiste na perda do direito ao exercício da profissão de técnico de segurança do trabalho e será por decisão formal do Ministério do Trabalho e Emprego.

Artigo 64: Considera-se infração ética a ação, omissão ou conivência que implique desobediência e/ou inobservância às disposições do código de ética dos profissionais técnicos de segurança do trabalho.

Artigo 65: Atentar para as resoluções específicas sobre as graduações das penalidades.

> **>> IMPORTANTE**
> O Código de Ética do técnico de segurança do trabalho é um instrumento imprescindível para que o profissional da área sinta-se seguro em suas decisões. Ele deve estar sempre à disposição para consultas e não deve ser negligenciado.

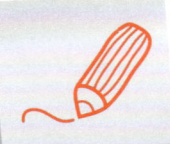

❯❯ Agora é a sua vez!

1. Obtenha as normas internas de uma empresa que você tenha acesso e compare os aspectos envolvidos com a ética empresarial e o Código de Ética do técnico de segurança do trabalho.

2. Liste os aspectos conflitantes e procure os membros da área de segurança da empresa a fim de obter informações sobre como convivem com as disparidades.

3. Anote tudo o que julgar interessante e mantenha junto com o Código de Ética como fonte de consulta para situações semelhantes no futuro.

Referências

ÁBACO de temperatura efetiva (sensação térmica). Porto Alegre: Elefant, [20--?]. Disponível em: <www.elefant.com.br/pdf/abaco.pdf>. Acesso em: 02 out. 2014.

AMARAL, L. S. *Sobrecarga térmica:* calor. Porto Alegre: Fundacentro, 2012.

ARAUJO, G. M. de. *Elementos do sistema de gestão de segurança, meio ambiente e saúde ocupacional – SMS.* São Paulo: GVC, 2004.

ASSOCIAÇÃO BRASILEIRA DE NORMAS TÉCNICAS. *ISO 31000:2009*: gestão de riscos: princípios e diretrizes. Rio de Janeiro: ABNT, 2009.

ASSOCIAÇÃO BRASILEIRA DE NORMAS TÉCNICAS. *NBR 14280:2001*: cadastro de acidente do trabalho: procedimento e classificação. Rio de Janeiro: ABNT, 2001.

BAPTISTA, M. de L. P. *Abordagens de riscos em barragens de aterro.* 2008. 570 f. Tese (Doutorado) – Universidade Técnica de Lisboa, Lisboa, 2008.

BRASIL. Constituição (1934). *Constituição da República dos Estados Unidos do Brasil.* Brasília: Senado Federal, 1934. Disponível em: <http://www.planalto.gov.br/ccivil_03/constituicao/Constituicao34.htm>. Acesso em: 22 set. 2014.

BRASIL. Constituição (1988). *Constituição da República Federativa do Brasil.* Brasília: Senado Federal, 1988b. Disponível em: <http://www.planalto.gov.br/ccivil_03/constituicao/constituicao.htm>. Acesso em: 01 out. 2014.

BRASIL. Decreto-lei nº 5, de 14 de janeiro de 1991. Regulamenta a Lei n° 6.321, de 14 de abril de 1976, que trata do Programa de Alimentação do Trabalhador, revoga o Decreto n° 78.676, de 8 de novembro de 1976 e dá outras providências. *Diário Oficial [da] República Federativa do Brasil,* Brasília, 15 jan. 1991c. Disponível em: <http://www.planalto.gov.br/ccivil_03/decreto/1990-1994/D0005.htm>. Acesso em: 24 set. 2014.

BRASIL. Decreto-lei nº 611, de 21 de julho de 1992. Dá nova redação ao regulamento dos benefícios da Previdência Social. *Diário Oficial [da] República Federativa do Brasil,* Brasília, 22 jul. 1992a. Disponível em: <http://www3.dataprev.gov.br/sislex/paginas/16/1940/..%5C..%5C23%5C1992%5C611.htm>. Acesso em: 23 set. 2014.

BRASIL. Decreto-lei nº 3.048, de 06 de maio de 1999. Aprova o Regulamento da Previdência Social, e dá outras providências. *Diário Oficial [da] República Federativa do Brasil,* Brasília, 07 maio 1999b. Disponível em: <http://www.planalto.gov.br/ccivil_03/decreto/d3048.htm>. Acesso em: 09 out. 2014.

BRASIL. Decreto-lei nº 3.724, de 15 de janeiro de 1919. Regula as obrigações resultantes dos acidentes no trabalho. *Diário Oficial [da] República Federativa do Brasil,* Brasília, 18 jan. 1919. Disponível em: <http://www2.camara.leg.br/legin/fed/decret/1910-1919/decreto-3724-15-janeiro-1919--571001-publicacaooriginal-94096-pl.html>. Acesso em: 22 set. 2014.

BRASIL. Decreto-lei nº 4.552, de 27 de dezembro de 2002. Aprova o Regulamento da Inspeção do Trabalho. *Diário Oficial [da] República Federativa do Brasil,* Brasília, 30 dez. 2002c. Disponível em: <http://www.planalto.gov.br/ccivil_03/decreto/2002/D4552.htm>. Acesso em: 21 abr. 2014.

BRASIL. Decreto-lei nº 5.452, de 01 de maio de 1943. Aprova a Consolidação das Leis do Trabalho. *Diário Oficial [da] República Federativa do Brasil,* Brasília, 01 maio 1943. Disponível em: <http://www.planalto.gov.br/ccivil_03/decreto-lei/del5452.htm>. Acesso em: 22 set. 2014.

BRASIL. Decreto-lei nº 5.764, de 16 de dezembro de 1971. Define a Política Nacional de Cooperativismo, institui o regime jurídico das sociedades cooperativas, e dá outras providências. *Diário Oficial [da] República Federativa do Brasil,* Brasília, 16 dez. 1971. Disponível em: <http://www.planalto.gov.br/ccivil_03/leis/l5764.htm>. Acesso em: 22 set. 2014.

BRASIL. Decreto-lei nº 7.036, de 10 de novembro de 1944. Reforma a lei de acidentes do trabalho. *Diário Oficial [da] República Federativa do Brasil,* Brasília, 10 nov. 1944. Disponível em: <https://www.planalto.gov.br/ccivil_03/decreto-lei/1937-1946/del7036.htm>. Acesso em: 22 set. 2014.

BRASIL. Decreto-lei nº 7.086, de 25 de julho de 1972. *Diário Oficial [da] República Federativa do Brasil,* Brasília, 25 jul. 1972.

BRASIL. Decreto-lei nº 34.715, de 27 de novembro de 1953. Institui a semana de prevenção de acidentes do trabalho. *Diário Oficial [da] República Federativa do Brasil,* Brasília, 30 nov. 1953a. Disponível em: <http://legis.senado.gov.br/legislacao/ListaTextoIntegral.action?id=145210&norma=166433>. Acesso em: 22 set. 2014.

BRASIL. Decreto-lei nº 92.530, de 09 de abril de 1986. Regulamenta a Lei nº 7.410, de 27 de novembro de 1985, que dispõe sobre a especialização de Engenheiros e Arquitetos em Engenharia de Segurança do Trabalho, a profissão de Técnico de Segurança do Trabalho e dá outras providências. *Diário Oficial [da] República Federativa do Brasil,* Brasília, 10 abr. 1986b. Disponível em: <http://www.planalto.gov.br/ccivil_03/decreto/1980-1989/1985-1987/D92530.htm>. Acesso em: 23 set. 2014.

BRASIL. Decreto-lei nº 99.534, de 19 de setembro de 1990. Promulgação da convenção n° 152 - convenção relativa à segurança e higiene nos trabalhos portuários. *Diário Oficial [da] República Federativa do Brasil,* Brasília, 20 set. 1990a. Disponível em: <http://www.planalto.gov.br/ccivil_03/decreto/1990-1994/D99534.htm>. Acesso em: 23 set. 2014.

BRASIL. Instrução normativa nº 57, de 10 de outubro de 2001. Estabelece critérios a serem adotados pelas linhas de arrecadação de benefícios. *Diário Oficial [da] República Federativa do Brasil,* Brasília, 11 de out. 2001e. Disponível em: < http://www3.dataprev.gov.br/sislex/paginas/38/INSS--DC/2001/57.htm>. Acesso em: 15 out. 2014.

BRASIL. Lei complementar nº 108, de 29 de maio de 2001. Dispõe sobre a relação entre a União, os Estados, o Distrito Federal e os Municípios, suas autarquias, fundações, sociedades de economia mista e outras entidades públicas e suas respectivas entidades fechadas de previdência complementar, e dá outras providências. *Diário Oficial [da] República Federativa do Brasil,* Brasília, 30 maio 2001c. Disponível em: <http://www.planalto.gov.br/ccivil_03/leis/lcp/lcp108.htm>. Acesso em: 09 out. 2014.

BRASIL. Lei complementar nº 109, de 29 de maio de 2001. Dispõe sobre o Regime de Previdência Complementar e dá outras providências. *Diário Oficial [da] República Federativa do Brasil,* Brasília, 30 maio 2001d. Disponível em: <http://www.planalto.gov.br/ccivil_03/leis/lcp/lcp109.htm>. Acesso em: 09 out. 2014.

BRASIL. Lei nº 5.161, de 21 de outubro de 1966. Autoriza a instituição da Fundação Centro Nacional de Segurança, Higiene e Medicina do Trabalho e dá outras providências. *Diário Oficial [da] República Federativa do Brasil,* Brasília, 25 out. 1966. Disponível em: <http://www.planalto.gov.br/ccivil_03/leis/L5161.htm>. Acesso em: 22 set. 2014.

BRASIL. Lei nº 5.316, de 14 de setembro de 1967. Integra o seguro de acidentes do trabalho na previdência social, e dá outras providências. *Diário Oficial [da] República Federativa do Brasil,* Brasília, 18 set. 1967. Disponível em: <http://www.planalto.gov.br/ccivil_03/leis/1950-1969/L5316.htm>. Acesso em: 22 set. 2014.

BRASIL. Lei nº 5.889, de 08 de junho de 1973. Estatui normas reguladoras do trabalho rural. *Diário Oficial [da] República Federativa do Brasil,* Brasília, 11 jun. 1973. Disponível em: <http://www.planalto.gov.br/ccivil_03/leis/l5889.htm>. Acesso em: 22 set. 2014.

BRASIL. Lei nº 6.214, de 26 de setembro de 2007. *Diário Oficial [da] República Federativa do Brasil,* Brasília, 28 set. 2007. Disponível em: <http://www.planalto.gov.br/ccivil_03/_ato2007-2010/2007/decreto/d6214.htm>. Acesso em: 09 out. 2014.

BRASIL. Lei nº 6.321, de 14 de abril de 1976. Dispõe sobre a dedução, do lucro tributável para fins de imposto sobre a renda das pessoas jurídicas, do dobro das despesas realizadas em programas de alimentação do trabalhador. *Diário Oficial [da] República Federativa do Brasil,* Brasília, 19 abr. 1976. Disponível em: <http://www.planalto.gov.br/ccivil_03/leis/l6321.htm>. Acesso em: 24 set. 2014.

BRASIL. Lei nº 6.514, de 22 de dezembro de 1977. Altera o capítulo V do título II da Consolidação das Leis do Trabalho, relativo à segurança e medicina do trabalho e dá outras providências. *Diário Oficial [da] República Federativa do Brasil,* Brasília, 23 dez. 1977. Disponível em: <http://www.planalto.gov.br/ccivil_03/leis/l6514.htm>. Acesso em: 22 set. 2014.

BRASIL. Lei nº 6.564, de 12 de setembro de 2008. Altera o Regulamento do Benefício de Prestação Continuada, aprovado pelo Decreto no 6.214, de 26 de setembro de 2007, e dá outras providências. *Diário Oficial [da] República Federativa do Brasil,* Brasília, 15 set. 2008. Disponível em: <http://www.planalto.gov.br/ccivil_03/_ato2007-2010/2008/Decreto/D6564.htm>. Acesso em: 09 out. 2014.

BRASIL. Lei nº 7.209, de 11 de julho de 1984. Altera dispositivos do Decreto-lei 2.848, de 07 de dezembro de 1940 – Código Penal, e dá outras providencias. *Diário Oficial [da] República Federativa do Brasil,* Brasília, 13 jul. 1984. Disponível em: <http://www.planalto.gov.br/ccivil_03/LEIS/1980-1988/L7209.htm#art1>. Acesso em: 01 out. 2014.

BRASIL. Lei nº 7.369, de 20 de setembro de 1985. Institui salário adicional para os empregados no setor de energia elétrica, em condições de periculosidade. *Diário Oficial [da] República Federativa do Brasil,* Brasília, 23 set. 1985b. Disponível em: <http://www.planalto.gov.br/ccivil_03/leis/l7369.htm>. Acesso em: 23 set. 2014.

BRASIL. Lei nº 7.410, de 27 de novembro de 1985. Dispõe sobre a especialização de Engenheiros e Arquitetos em Engenharia de segurança do trabalho, a profissão de Técnico de Segurança do Trabalho, e dá outras providências. *Diário Oficial [da] República Federativa do Brasil,* Brasília, 28 nov. 1985a. Disponível em: <http://www.planalto.gov.br/ccivil_03/leis/l7410.htm>. Acesso em: 22 set. 2014.

BRASIL. Lei nº 7.498, de 25 de junho de 1986. Dispõe sobre a regulamentação do exercício da enfermagem, e dá outras providências. *Diário Oficial [da] República Federativa do Brasil,* Brasília, 26 jun. 1986a. Disponível em: <http://www.planalto.gov.br/ccivil_03/leis/l7498.htm>. Acesso em: 23 set. 2014.

BRASIL. Lei nº 7.855, de 24 de outubro de 1989. Altera a Consolidação das Leis do Trabalho, atualiza os valores das multas trabalhistas, amplia sua aplicação, institui o Programa de Desenvolvimento do Sistema Federal de Inspeção do Trabalho e dá outras providências. *Diário Oficial [da] República Federativa do Brasil,* Brasília, 25 out. 1989a. Disponível em: <http://www.planalto.gov.br/ccivil_03/leis/L7855.htm>. Acesso em: 23 set. 2014.

BRASIL. Lei nº 7.998, de 11 de janeiro de 1990. Regula o Programa do Seguro-Desemprego, o Abono Salarial, institui o Fundo de Amparo ao Trabalhador (FAT), e dá outras providências. *Diário Oficial [da] República Federativa do Brasil,* Brasília, 12 jan. 1990d. Disponível em: <http://www.planalto.gov.br/ccivil_03/leis/l7998.htm>. Acesso em: 09 out. 2014.

BRASIL. Lei nº 8.080, de 19 de setembro de 1990. Dispõe sobre as condições para a promoção, proteção e recuperação da saúde, a organização e o funcionamento dos serviços correspondentes e dá outras providências. *Diário Oficial [da] República Federativa do Brasil,* Brasília, 20 set. 1990c. Disponível em: <http://www.planalto.gov.br/ccivil_03/leis/l8080.htm>. Acesso em: 09 out. 2014.

BRASIL. Lei nº 8.212, de 24 de julho de 1991. Dispõe sobre a organização da seguridade social, institui plano de custeio, e dá outras providências. *Diário Oficial [da] República Federativa do Brasil,* Brasília, 28 jul. 1991d. Disponível em: <http://www.planalto.gov.br/ccivil_03/leis/l8212cons.htm>. Acesso em: 09 out. 2014.

BRASIL. Lei nº 8.213, de 24 de julho de 1991. Dispõe sobre os planos de benefícios da Previdência Social e dá outras providências. *Diário Oficial [da] República Federativa do Brasil,* Brasília, 25 jul. 1991a. Disponível em: <http://www.planalto.gov.br/ccivil_03/leis/l8213cons.htm>. Acesso em: 23 set. 2014.

BRASIL. Lei nº 8.383, de 30 de dezembro de 1991. Institui a Unidade Fiscal de Referência, altera a legislação do imposto de renda e dá outras providências. *Diário Oficial [da] República Federativa do Brasil,* Brasília, 21 dez. 1991b. Disponível em: <www.receita.fazenda.gov.br/Legislacao/leis/Ant2001/lei838391.htm>. Acesso em: 23 set. 2014.

BRASIL. Lei nº 8.742, de 07 de dezembro de 1993. Dispõe sobre a organização da Assistência Social e dá outras providências. *Diário Oficial [da] República Federativa do Brasil,* Brasília, 08 dez. 1993. Disponível em: <http://www.planalto.gov.br/ccivil_03/leis/l8742.htm>. Acesso em: 09 out. 2014.

BRASIL. Lei nº 9.717, de 27 de novembro de 1998. Dispõe sobre regras gerais para a organização e o funcionamento dos regimes próprios de previdência social dos servidores públicos da União, dos Estados, do Distrito Federal e dos Municípios, dos militares dos Estados e do Distrito Federal e dá outras providências. *Diário Oficial [da] República Federativa do Brasil,* Brasília, 28 nov. 1998. Disponível em: <www.planalto.gov.br/ccivil_03/leis/L9717.htm>. Acesso em: 09 out. 2014.

BRASIL. Lei nº 10.406, de 10 de janeiro de 2002. Institui o Código Civil. *Diário Oficial [da] República Federativa do Brasil,* Brasília, 11 jan. 2002b. Disponível em: <http://www.planalto.gov.br/ccivil_03/leis/2002/l10406.htm>. Acesso em: 23 set. 2014.

BRASIL. Lei nº 12.435, de 06 de julho de 2011. Altera a Lei no 8.742, de 7 de dezembro de 1993, que dispõe sobre a organização da Assistência Social. *Diário Oficial [da] República Federativa do Brasil,* Brasília, 07 jul. 2011a. Disponível em: <http://www.planalto.gov.br/ccivil_03/_Ato2011-2014/2011/Lei/L12435.htm>. Acesso em: 09 out. 2014.

BRASIL. Lei nº 12.470, de 31 de agosto de 2011. *Diário Oficial [da] República Federativa do Brasil,* Brasília, 01 set. 2011b. Disponível em: <http://www.planalto.gov.br/ccivil_03/_ato2011-2014/2011/lei/l12470.htm>. Acesso em: 09 out. 2014.

BRASIL. Lei nº 12.645, de 16 de maio de 2012. Institui o Dia Nacional de Segurança e de Saúde nas escolas. *Diário Oficial [da] República Federativa do Brasil,* Brasília, 17 maio 2012. Disponível em: <www.planalto.gov.br/ccivil_03/_Ato2011-2014/2012/Lei/L12645.htm>. Acesso em: 23 set. 2014.

BRASIL. Medida Provisória nº 1.575-6, de 27 de novembro de 1997. Dispõe sobre normas e condições gerais de proteção ao trabalho portuário, institui multas pela inobservância de seus preceitos, e dá outras providências. *Diário Oficial [da] República Federativa do Brasil,* Brasília, 28 nov. 1997. Disponível em: <http://www.planalto.gov.br/ccivil_03/mpv/Antigas/1575-6.htm>. Acesso em: 23 set. 2014.

BRASIL. Ministério da Educação e Cultura. Parecer nº 632, de 05 de agosto de 1987. Brasília, 1987a. Disponível em: < http://www.dominiopublico.gov.br/download/texto/cd007482.pdf>. Acesso em: 14 out. 2014.

BRASIL. Ministério da Previdência e Assistência Social. Portaria nº 458, de 04 de outubro de 2001. Estabelece diretrizes e normas do Programa de Erradicação do Trabalho Infantil – PETI. *Diário Oficial [da] República Federativa do Brasil,* Brasília, 05 out. 2001a. Disponível em: <http://www.mds.gov.br/sobreoministerio/legislacao/assistenciasocial/portarias/2001/Portaria%20no%20458-%20de%2004%20de%20outubro%20de%202001.pdf>. Acesso em: 23 set. 2014.

BRASIL. Ministério da Previdência e Assistência Social. Portaria nº 25, de 29 de dezembro de 1994. *Diário Oficial [da] República Federativa do Brasil,* Brasília, 30 dez. 1994b. Disponível em: <http://portal.mte.gov.br/data/files/FF8080812BE914E6012BEA44A24704C6/p_19941229_25.pdf >. Acesso em: 15 maio 2014.

BRASIL. Ministério da Saúde. *Doenças relacionadas ao trabalho* – manual de procedimentos para os serviços de saúde. Brasília: Ministério da Saúde, 2001b. Disponível em: <http://bvsms.saude.gov.br/bvs/publicacoes/doencas_relacionadas_trabalho1.pdf>. Acesso em: 08 out. 2014.

BRASIL. Ministério do Trabalho e Emprego. NR 1: disposições gerais. *Diário Oficial [da] República Federativa do Brasil*, Brasília, 06 jul. 1978b. Disponível em: < http://portal.mte.gov.br/data/files/FF8080812BE914E6012BEF0F7810232C/nr_01_at.pdf>. Acesso em: 14 out. 2014.

BRASIL. Ministério do Trabalho e Emprego. *NR 28*: fiscalização e penalidades. Brasília, 2006. Disponível em: < http://www010.dataprev.gov.br/sislex/paginas/05/mtb/28.htm>. Acesso em: 15 out. 2014.

BRASIL. Ministério do Trabalho e Emprego. Nota técnica nº 96. Brasília: MTE, 2009.

BRASIL. Ministério do Trabalho e Emprego. Portaria DNSST nº 5, de 17 de agosto de 1992. Altera a norma regulamentadora nº 9 estabelecendo a obrigatoriedade de elaboração do mapa de riscos ambientais. *Diário Oficial [da] República Federativa do Brasil,* Brasília, 17 ago. 1992b. Disponível em: <ftp://ftp.feq.ufu.br/Luis/Seguran%E7a/Aula%20POS-Mec-2008/SIAR-03-06-2008/Mapa%20de%20Riscos/PORTARIA%20DNSST%20N%BA%205,%20DE%2017%20DE%20AGOSTO%20DE%201992.PDF>. Acesso em: 08 out. 2014.

BRASIL. Ministério do Trabalho e Emprego. Portaria interministerial nº 3.195, de 10 de agosto de 1988. *Diário Oficial [da] República Federativa do Brasil,* Brasília, 11 ago. 1988a. Disponível em: <http://portal.mte.gov.br/legislacao/portaria-interministerial-n-3-195-de-10-08-1988.htm>. Acesso em: 25 set. 2014.

BRASIL. Ministério do Trabalho e Emprego. Portaria nº 3, de 01 de março de 2002. Baixa instruções sobre a execução do Programa de Alimentação do Trabalhador (PAT). *Diário Oficial [da] República Federativa do Brasil,* Brasília, 01 mar. 2002a. Disponível em: <http://portal.mte.gov.br/legislacao/portaria-n-03-de-01-03-2002.htm>. Acesso em: 24 set. 2014.

BRASIL. Ministério do Trabalho e Emprego. Portaria nº 08, de 08 de maio de 1996. Altera a Norma Regulamentadora NR 7 – Programa de Controle Médico de Ocupacional – PCMSO. *Diário Oficial [da] República Federativa do Brasil,* Brasília, 13 maio 1996. Disponível em: < http://portal.mte.gov.br/legislacao/portaria-n-08-de-08-05-1996.htm>. Acesso em: 25 set. 2014.

BRASIL. Ministério do Trabalho e Emprego. Portaria nº 08 de 23 de fevereiro de 1999. Altera a Norma Regulamentadora n.º 05, que dispõe sobre a Comissão Interna de Prevenção de Acidentes – CIPA e dá outras providências. *Diário Oficial [da] República Federativa do Brasil*, Brasília, 24 de fev. 1999a. Disponível em: < http://portal.mte.gov.br/data/files/FF8080812C0858EF012C1205094741E5/p_19990223_08.pdf>. Acesso em: 15 out. 2014.

BRASIL. Ministério do Trabalho e Emprego. Portaria nº 24, de 29 de dezembro de 1994. *Diário Oficial [da] República Federativa do Brasil,* Brasília, 30 dez. 1994a. Disponível em: <http://portal.mte.gov.br/legislacao/portaria-n-24-de-29-12-1994.htm>. Acesso em: 25 set. 2014.

BRASIL. Ministério do Trabalho e Emprego. Portaria nº 33, de 27 de outubro de 1983. *Diário Oficial [da] República Federativa do Brasil,* Brasília, 31 out. 1983. Disponível em: <http://portal.mte.gov.br/legislacao/portaria-n-33-de-27-10-1983-1.htm>. Acesso em: 08 out. 2014.

BRASIL. Ministério do Trabalho e Emprego. Portaria nº 292, de 29 de maio de 2008. *Diário Oficial [da] República Federativa do Brasil,* Brasília, 30 maio 2008a. Disponível em: <http://portal.mte.gov.br/legislacao/portaria-n-262-de-29-05-2008.htm>. Acesso em: 23 set. 2014.

BRASIL. Ministério do Trabalho e Emprego. Portaria nº 3.214, de 08 de junho de 1978. Aprova as normas regulamentadoras - NR - do capítulo V, título II, da Consolidação das Leis do Trabalho, relativas à segurança e medicina do trabalho. *Diário Oficial [da] República Federativa do Brasil,* Brasília, 06 jul. 1978a. Disponível em: < http://www010.dataprev.gov.br/sislex/paginas/63/mte/1978/3214.htm >. Acesso em: 22 set. 2014.

BRASIL. Ministério do Trabalho e Emprego. Portaria nº 3.275, de 21 de setembro de 1989. *Diário Oficial [da] República Federativa do Brasil,* Brasília, 22 set. 1989b. Disponível em: <http://portal.mte.gov.br/data/files/FF8080812BE914E6012BE9E90E583E7B/p_19890921_3275.pdf>. Acesso em: 28 fev. 2014.

BRASIL. Ministério do Trabalho e Emprego. Portaria nº 3.751, de 23 de novembro de 1990. *Diário Oficial [da] República Federativa do Brasil,* Brasília, 26 nov. 1990b. Disponível em: <http://portal.mte.gov.br/legislacao/portaria-n-3-751-de-23-11-1990.htm>. Acesso em: 03 out. 2014.

BRASIL. Ministério do Trabalho e Emprego. Portaria nº 3393, de 17 de dezembro de 1987b. *Diário Oficial [da] República Federativa do Brasil,* Brasília, 23 dez. 1987. Disponível em: <http://portal.mte.gov.br/legislacao/portaria-n-3-393-de-17-12-1987.htm>. Acesso em: 23 set. 2014.

BRASIL. Portaria nº 155, de 21 de novembro de 1953. Reorganiza as comissões internas de prevenção de acidentes e estabelece normas para seu funcionamento. *Diário Oficial [da] República Federativa do Brasil,* Brasília, 30 nov. 1953b. Disponível em: <http://www.jusbrasil.com.br/diarios/2859315/pg-18-secao-1-diario-oficial-da-uniao-dou-de-30-11-1953>. Acesso em: 22 set. 2014.

BRASIL. Portaria nº 157, de 16 de novembro de 1955. *Diário Oficial [da] República Federativa do Brasil,* Brasília, 16 nov. 1955.

BRASIL. Portaria nº 319, de 30 de dezembro de 1960. Regulamenta a uso dos EPI´s. *Diário Oficial [da] República Federativa do Brasil,* Brasília, 30 dez. 1960.

BRASIL. Supremo Tribunal Federal. *Súmula nº 311,* de 13 de dezembro de 1963. Súmula da Jurisprudência Predominante do Supremo Tribunal Federal - Anexo ao Regimento Interno. Brasília: Imprensa Nacional, 1964. Disponível em: <http://www.dji.com.br/normas_inferiores/regimento_interno_e_sumula_stf/stf_0311.htm>. Acesso em: 01 out. 2014.

COMPANHIA AMBIENTAL DO ESTADO DE SÃO PAULO. *Norma CETESB P 4.261.* São Paulo: CETESB, 2003.

CONSELHO FEDERAL DE ENGENHARIA, ARQUITETURA E AGRONOMIA. Resolução nº 262, de julho de 1979. Dispõe sobre as atribuições dos Técnicos de 2º grau, nas áreas da Engenharia, Arquitetura e Agronomia. *Diário Oficial [da] República Federativa do Brasil*, Brasília, 06 set. 1979. Disponível em: http://normativos.confea.org.br/downloads/0262-79.pdf>. Acesso em: 14 out. 2014.

DE CICCO, F. M. G. A.; FANTAZZINI, M. L. *Introdução à engenharia de segurança de sistemas.* 3. ed. São Paulo: Fundacentro, 1993.

EDICIONS UPC. *Índice de sobrecarga calórica (ISC).* [S.l.: s.n.], 1999. Disponível em: <http://www.miliarium.com/prontuario/Indices/IndiceSobrecargaCalorica.htm>. Acesso em: 13 out. 2014.

FEDERAÇÃO NACIONAL DOS TÉCNICOS DE SEGURANÇA DO TRABALHO. *Código de éticas do técnico em segurança do trabalho.* São Paulo: FENATEST, [20--?]. Disponível em: <http://www.fenatest.org.br/etica-confetest.php>. Acesso em: 12 mar. 2014.

FLANAGAN, J. C. *The critical incident technique.* Washington: American Psychological Association, 1954.

GOMES, M.; COSTA, T. A pesquisa em saúde do trabalhador no Brasil: anotações preliminares. *Revista Espaço Acadêmico,* n. 45, 2005. Disponível em: <http://www.espacoacademico.com.br/045/45clouzada.htm>. Acesso em: 11 out. 2014.

GRANDJEAN, E. *Fitting the task to the man.* 4th ed. London: Taylor & Francis, 1988.

HEINRICH, H. W. *Industrial accident prevention.* New York: McGraw-Hill, 1959.

LIMA E SILVA, P. P. *Dicionário brasileiro de ciências ambientais.* Rio de Janeiro: Thex, 2000.

MENDES, R.; DIAS, E. C. Da medicina do trabalho à saúde do trabalhador. *Revista Saúde Pública,* v. 25, n. 5, p. 341-349, 1991. Disponível em: <https://www.nescon.medicina.ufmg.br/biblioteca/imagem/2977.pdf>. Acesso em: 11 out. 2014.

OCCUPATIONAL SAFETY AND HEALTH ADMINISTRATION. Guidance *on risk assessment at work.* Luxembourg: Office for Official Publication of the European Comunities, 1996. Disponível em: <https://osha.europa.eu/en/topics/riskassessment/guidance.pdf>. Acesso em: 04 maio 2014.

ODDONE, I. et al. *Ambiente de trabalho:* a luta dos trabalhadores pela saúde. São Paulo: Hucitec, 1986.

ORGANIZAÇÃO DAS NAÇÕES UNIDAS. *Declaração da conferência da ONU sobre o meio ambiente.* Estocolmo: ONU, 1972.

ORGANIZAÇÃO INTERNACIONAL DO TRABALHO. *A prevenção das doenças profissionais.* Brasília: OIT, 2013. Disponível em: <http://www.oitbrasil.org.br/sites/

default/files/topic/gender/doc/safeday2013%20final_1012.pdf>. Acesso em: 13 out. 2014.

ORGANIZAÇÃO INTERNACIONAL DO TRABALHO. *Convenção nº 81.* Genebra: OIT, 1947.

ORGANIZAÇÃO INTERNACIONAL DO TRABALHO. *Convenção nº 155.* Genebra: OIT, 1981.

ORGANIZAÇÃO INTERNACIONAL DO TRABALHO. *Convenção nº 161.* Genebra: OIT, 1985.

ORGANIZAÇÃO INTERNACIONAL DO TRABALHO. *Convenção nº 170.* Genebra: OIT, 1990.

ORGANIZAÇÃO MUNDIAL DA SAÚDE. *Classificação estatística internacional de doenças e problemas relacionados à saúde.* 10. ed. [S.l.]: OMS, 2008.

ORGANIZAÇÃO MUNDIAL DA SAÚDE. *Constituição da Organização Mundial da Saúde.* [S.l.]: OMS, 1946. Disponível em: <http://www.direitoshumanos.usp.br/index.php/OMS--Organiza%C3%A7%C3%A3o-Mundial-da-Sa%C3%BAde/constituicao-da-organizacao-mundial--da-saude-omswho.html>. Acesso em: 13 out. 2014.

ORMELEZ, C. R.; ULBRICHT, L. Análise ergonômica do trabalho aplicada a um posto de trabalho com sobrecarga física. *Revista UniAndrade,* v. 11, n. 2, p. 69, 2010. Disponível em: <http://www.uniandrade.br/revistauniandrade/index.php/revistauniandrade/index>. Acesso em: 15 out. 2014.

SILVEIRA, V. *Técnico de segurança do trabalho:* PPRA – NR-09 – Vários modelos. [S.l.: s.n.], 2011. Disponível em: <http://espacotecnicosegurancadotrabalho.blogspot.com.br/2011/05/modelos-de--ppra-nr-09.html>. Acesso em: 15 out. 2014.

SIVIERI, L. H. Saúde no trabalho e mapeamento dos riscos. In: TODESCHINI, R. (Org.). *Saúde, meio ambiente e condições de trabalho:* conteúdos básicos para uma ação sindical. São Paulo: Fundacentro / CUT, 1996. p. 75-111.

TRUJILLO RODRÍGUEZ, J. L. *El papel de la mujer durante la primera guerra mundial (1914-1918).* [S.l.: s.n.], 2013. Disponível em: <joseluistrujillorodriguez.blogspot.com.br/2013/01/el-papel-de-la-mujer-durante-la-primera.html>. Acesso em: 22 set. 2014.

WALDHELM NETO, N. *História da segurança do trabalho.* [S.l.]: Segurança do Trabalho, 2012. Disponível em: <http://segurancadotrabalhonwn.com/historia-da-seguranca-do-trabalho/>. Acesso em: 01 fev. 2013.

LEITURAS RECOMENDADAS

ACGIH. *Industrial hygiene, environmental, occupational health.* [S.l.: s.n.], [20--?]. Disponível em: <http://www.acgih.org>. Acesso em: 05 mar. 2014.

ALBUQUERQUE, V. A estreita relação entre saúde do trabalhador e meio ambiente. *Revista Meio Ambiente Industrial,* 2011. Disponível em: <http://rmai.com.br/v4/Read/718/a-estreita-relacao-entre-saude-do-trabalhador-e-meio-ambiente.aspx>. Acesso em: 28 abr. 2014.

ALMEIDA, I. M. de. (Org.). *Caminhos da análise de acidentes do trabalho.* Brasília: Ministério do Trabalho e Emprego, 2003.

ANDRADE, L. *Introdução a engenharia de segurança no trabalho.* Rio de Janeiro: PUC-Rio, 2013a.

ANDRADE, L. *Prevenção e controle de riscos em engenharia de segurança no trabalho.* Rio de Janeiro: PUC-Rio, 2013b.

ANDRADE, L. *Saúde do trabalhador e ergonomia.* Rio de Janeiro: PUC-Rio, 2007.

ANDRADE, L. *Sistemas de gestão e higiene do trabalho.* Rio de Janeiro: PUC-Rio, 2009.

ANGELIM, D. *Meio ambiente e trabalho.* [S.l.]: CSA, [20--?]. Disponível em: <http://www.csa-csi.org/index.php?option=com_content&view=section&id=27&Itemid=194&lang=pt>. Acesso em: 21 maio 2014.

ARAÚJO, G. M. de. *Elementos do sistema de gestão de segurança, meio ambiente e saúde ocupacional:* SMS. Rio de Janeiro: Gerenciamento Verde, 2004.

ARAÚJO, G. M. de. *Legislação de segurança e saúde no trabalho.* 10. ed. São Paulo: Saraiva, 2013. v. 1.

ARAÚJO, G. M. de. *Sistema de gestão de riscos:* estudos de análise de riscos "offshore e onshore". São Paulo: Saraiva, 2013. v. 2.

ARAÚJO, R.; SANTOS, N.; MAFRA, W. Gestão da segurança e saúde do trabalho. In: SIMPÓSIO DE EXCELÊNCIA EM GESTÃO E TECNOLOGIA, 3., 2006, Resende. *Anais...* [S.l.: s.n.], 2006.

ATLAS. *Manuais de legislação:* segurança e medicina do trabalho. 36. ed. São Paulo: Atlas, 2011.

AVELLÁN, T. *Avaliação da carga física de trabalho do pedreiro na execução de paredes de alvenaria de blocos cerâmicos.* 1995. Dissertação (Mestrado em Engenharia Civil) – Universidade Federal do Rio Grande do Sul, Porto Alegre, 1995.

BIBLIOMED. *Ergonomia:* saúde no trabalho. [S.l.]: Bibliomed, [20--?]. Disponível em: <http://www.boasaude.com.br/artigos-de-saude/3740/-1/ergonomia-saude-no-trabalho.html>. Acesso em: 30 maio 2014.

BITENCOURT, C. L.; QUELHAS, O. L. G. *Histórico da evolução dos conceitos de segurança.* Niterói: Universidade Federal Fluminense, 2008. Disponível em: <http://pt.scribd.com/doc/51826549/6398393--Historico-Da-Evolucao-Dos-Conceitos-de-Seguranca>. Acesso em: 25 jan. 2014.

BRASIL. Controladoria-Geral da União. *Portal da transparência.* Brasília: CGU, [20--?]. Disponível em: <http://www.portaldatransparencia.gov.br/>. Acesso em: 15 abr. 2014.

BRASIL. Decreto-lei nº 2.172, de 05 de Março de 1997. Aprova o Regulamento dos Benefícios da Previdência Social. *Diário Oficial [da] República Federativa do Brasil,* Brasília, 06 mar. 1997. Disponível em: <http://www3.dataprev.gov.br/sislex/paginas/16/1940/..%5C..%5C23%5C1992%5C611.htm>. Acesso em: 23 set. 2014.

BRASIL. Empresa de Tecnologia e Informações da Previdência Social – DATAPREV. [Site]. Brasília: DATAPREV, [20--?]. Disponível em: <http://portal.dataprev.gov.br/>. Acesso em: 15 abr. 2014.

BRASIL. *Meio ambiente e trabalho.* Brasília: MEC, 2007. (Coleção Cadernos de EJA).

BRASIL. Ministério da Previdência Social. [Site]. Brasília: MPAS, [20--?]. Disponível em: <http://www.mpas.gov.br/>. Acesso em: 15 abr. 2014.

BRASIL. Ministério da Previdência Social. *Instituto Nacional do Seguro Social.* Brasília: MPAS, [20--?]. Disponível em: <http://www.previdencia.gov.br/a-previdencia/instituto-nacional-do-seguro--social-inss/>. Acesso em: 15 abr. 2014.

BRASIL. Ministério do Trabalho e Emprego. *Histórico percentual de acidentes:* 1997-2009. Brasília, MTE, 2009.

BRASIL. Ministério do Trabalho e Emprego. *Manual de aplicação da Norma Regulamentadora nº 17.* Brasília: MTE, 2002. Disponível em: <http://portal.mte.gov.br/data/files/8A7C816A3DCAE32F013DCBE7B96C0858/pub_cne_manual_nr17%20(atualizado_2013).pdf>. Acesso em: 24 maio 2014.

BRASIL. Tribunal Superior do Trabalho. Diário eletrônico da Justiça do Trabalho: caderno judiciário do Tribunal Superior do Trabalho. Brasília: TST, [20--?]. Disponível em: < http://aplicacao.jt.jus.br/dejt.html>. Acesso em: 07 out. 2014.

BRASIL. Tribunal Superior do Trabalho. *O que é acidente de trabalho?* Brasília: TST, [20--?]. Disponível em: <http://www.tst.jus.br/web/trabalhoseguro/resolucao>. Acesso em: 07 out. 2014.

CAMPOS, A. *CIPA* – Comissão interna de prevenção de acidentes: uma nova abordagem. 22. ed. São Paulo: Senac, 2013.

CARVALHO, G. N. *Introdução ao direito previdenciário:* os regimes de previdência. Disponível em: <http://www.conteudojuridico.com.br/artigo,introducao-ao-direito-previdenciario-os-regimes--de-previdencia,35483.html>. Acesso em: 18 abr. 2014.

CASTELLS, M. *A sociedade em rede*. 2. ed. São Paulo: Paz e Terra, 2000. (A Era da Informação: economia, sociedade e cultura, v. 1).

COSTA, A. F. F.; SILVA, C. P. da. Ambiente de trabalho e responsabilidade civil do empregador. *Revista Pitágoras*, v. 4. Disponível em: <http://www.finan.com.br/pitagoras/downloads/numero3/ambiente-de-trabalho.pdf>. Acesso em: 19 fev. 2014.

COSTA, H. J. *Manual de acidente do trabalho*. 3. ed. rev. atual. Curitiba: Juruá, 2009.

DINIZ, P. de M. F. *Previdência social do servidor público*. 2. ed. Rio de Janeiro: Lúmen Júris, 2008. Disponível em: <http://www.mundoergonomia.com.br/website/artigo.asp?id=19690>. Acesso em: 13 out. 2014.

DUARTE FILHO, E. *Diálogo diário de segurança, meio ambiente e saúde*. [S.l.]: Petrobrás, 2003.

EMBASAMENTO legal conforme enunciado nº 331 do TST. [S.l.]: Lucca e Lucca Serviços Médicos, [20--?]. Disponível em: <http://www.lucca.med.br/medicina-trabalho/cipa/ppra-pcmso/ppra-conc121.html>. Acesso em: 19 mar. 2014.

EQUIPAMENTOS de proteção coletiva (EPC). [S.l.]: Portal Educação, 2013. Disponível em: <http://www.portaleducacao.com.br/educacao/artigos/36201/equipamentos-de-protecao-coletiva-epc>. Acesso em: 19 mar. 2014.

ESCOLA NACIONAL DE SEGUROS. *Previdência Social*. [S.l.: s.n.], [20--?]. Disponível em: <http://www.tudosobreseguros.org.br/sws/portal/pagina.php?l=621>. Acesso em: 08 out. 2014.

EXPRESSO DA NOTÍCIA. *Saiba como requerer aposentadoria por invalidez*. [S.l.]: JusBrasil, [2011]. Disponível em: <http://expresso-noticia.jusbrasil.com.br/>. Acesso em: 18 abr. 2014.

FREITAS, E. de. *A industrialização brasileira*. [S.l.]: Mundo Educação, [20--?]. Disponível em: <http://www.mundoeducacao.com/geografia/a-industrializacao-brasileira.htm>. Acesso em: 01 fev. 2013.

GALAFASSI, M. C. *Medicina do trabalho:* programa de controle médico de saúde ocupacional (NR-7). São Paulo: Atlas, 1998.

GUIA TRABALHISTA. *Acidente do trabalho:* conceito e caracterização. [S.l.: s.n.], [20--?]. Disponível em: <http://www.guiatrabalhista.com.br/noticias/trabalhista210306.htm>. Acesso em: 14 maio 2014.

HASHIMOTO. A. T. *Indenização por dano moral decorrente de acidente de trabalho e doença profissional*. [S.l.: s.n.], 2013. Disponível em: <http://ultimainstancia.uol.com.br/conteudo/colunas/67070/indenizacao+por+dano+moral+decorrente+de+acidente+de+trabalho+e+doenca+profissional.shtml>. Acesso em: 20 ago. 2014.

HELMAN H.; ANDERY, P. R. P. *Análise de falhas:* aplicação de FMEA e FTA. Belo Horizonte: Fundação Cristiano Ottoni, 1995.

HOUAISS, A.; VILLAR, M. de S. *Dicionário Houaiss da língua portuguesa*. Rio de Janeiro: Objetiva, 2001.

INSTITUTO BRASILEIRO DE AVALIAÇÕES E PERÍCIAS DE ENGENHARIA DE SÃO PAULO. *A saúde dos edifícios:* check-up predial. São Paulo: IBAPE-SP, 2004. Disponível em: <http://pt.slideshare.net/mjmcreatore/34772711-asaudedosedificioscheckuppredial>. Acesso em: 21 fev. 2014.

JORGE, G. M. *A conduta do técnico de segurança do trabalho*. [S.l.: s.n.], 2008. Disponível em: <http://trabalhosaudeseguranca.blogspot.com.br/>. Acesso em: 01 mar. 2014.

KAMIA, M. *Inteligência emocional aplicada ao trabalho da liderança*. [S.l.: s.n.], [20--?]. Disponível em: <http://www.meirykamia.com/pagina-principal/treinamento.php?id=63>. Acesso em: 22 fev. 2014.

KAMIA, M. *Liderança, gestão de mudanças e gestão baseada em valores*. [S.l.: s.n.], [20--?]. Disponível em: <http://www.meirykamia.com/pagina-principal/treinamento.php?id=62>. Acesso em: 22 fev. 2014.

LIMA JÚNIOR, J. M. Programa de condições do meio ambiente de trabalho na construção civil: concepção e gerenciamento. In: JORNADA INTERNACIONAL DE SEGURANÇA E SAÚDE NA INDÚSTRIA DA CONSTRUÇÃO, 2003, São Luís. *Anais...* [S.l.: s.n.], 2003.

LOPES, M. A. da S. *Documentos da CIPA*. [S.l.: s.n.], 2011. Disponível em: <http://maslbyte.wordpress.com/2011/10/13/documentos-da-cipa-para-download/>. Acesso em: 28 fev. 2014.

MACHADO, J. M. A fiscalização do trabalho frente à flexibilização das normas trabalhistas. *Jus Navigandi*, v. 10, n. 644, 2005. Disponível em: <http://jus.com.br/artigos/6599/a-fiscalizacao-do-trabalho-frente-a-flexibilizacao-das-normas-trabalhistas>. Acesso em: 10 maio 2014.

MARTINS, S. P. *Direito da seguridade social*. 24. ed. São Paulo: Atlas, 2007.

MEDEIROS, B. *Acidentes do trabalho e doenças ocupacionais*. [S.l.: s.n.], 2009. Disponível em: <http://www.unibrasil.com.br/arquivos/direito/20092/bruna-de-oliveira-medeiros.pdf >. Acesso em: 08 out. 2014.

MENDES, R. *Patologia do trabalho*. 2. ed. atual. ampl. São Paulo: Atheneu, 2003.

MICHEL, O. *Acidentes do trabalho e doenças ocupacionais*. 2. ed. rev. ampl. São Paulo: Ltr, 2001.

MONTEIRO, A. L.; BERTAGNI, R. F. de S. *Acidentes do trabalho e doenças ocupacionais:* conceito, processos de conhecimento e de execução e suas questões polêmicas. São Paulo: Saraiva, 1998.

MORAES, A. de. *Constituição do Brasil interpretada e legislação constitucional*. 4. ed. São Paulo: Atlas, 2004.

MORAIS, R. P. *Fiscalização do trabalho:* poderes da inspeção. [S.l.: s.n.], [20--]. Disponível em: <http://www.joaoboscoluz.com.br/home/secao.asp?id_secao=39>. Acesso em: 20 abr. 2014.

NERY JUNIOR, N. *Constituição Federal comentada*. São Paulo: Revista dos Tribunais, 2006.

NERY, M. *Ergonomia:* tecnólogo em segurança do trabalho. Salvador: Faculdade de Tecnologia e Ciência,1998.

NETTO, A. L. *Exposição ao calor*. Rio de Janeiro: Sociedade Brasileira de Engenharia de Segurança, [20--?]. Disponível em: <http://sobes.org.br/s/wp-content/uploads/2009/08/calor1.pdf>. Acesso em: 22 maio 2014.

NOGUEIRA, A. *Carta de requerimento de registro do SESMT a DRT*. [S.l.: s.n.], [20--?]. Disponível em: <http://www.ebah.com.br/content/ABAAABZLYAC/carta-requerimento-registro-sesmt-a-drt>. Acesso em: 21 fev. 2014.

NR FACIL. Código de ética dos Técnicos de Segurança do Trabalho. [S.l.: s.n.], [20--?]. Disponível em: <http://nrfacil.com.br/blog/?page_id=1533>. Acesso em: 20 mar. 2014.

O PORTAL DA CONSTRUÇÃO. *Guia técnico:* segurança e higiene no trabalho – análise de riscos. Disponível em: <http://www.oportaldaconstrucao.com/xfiles/guiastecnicos/sht-vol-3-analise-de-riscos.pdf>. Acesso em: 07 out. 2014.

OLIVEIRA, J. da. *Acidentes do trabalho.* 3. ed. atual. ampl. São Paulo: Saraiva, 1997.

OROMENDÍA, E. Índice de sobrecarga calórica (ISC). [S.l.]: Miliarium, [20--?]. Disponível em: <http://www.miliarium.com/prontuario/Indices/IndiceSobrecargaCalorica.htm>. Acesso em: 25 maio 2014.

OROMENDÍA, E. *Índice WBGT para evaluar el estrés térmico.* [S.l.]: Miliarium, [20--?]. Disponível em: <http://www.miliarium.com/prontuario/Indices/IndiceWBGT.htm>. Acesso em: 25 maio 2014.

ORSELLI, O. T. *Laudo Ergonômico.* [S.l.]: Mundo Ergonomia, 2012.

PALMIERI, A. F. et al. *O papel do SESMT no auxílio da gestão de empresas.* [S.l.: s.n.], [20--?]. Disponível em: <http://fgh.escoladenegocios.info/revistaalumni/artigos/Artigo_Palmieri.pdf>. Acesso em: 22 jan. 2014.

PANTALEÃO, S. F. *Acidente de trabalho:* responsabilidade do empregador? [S.l.]: Guia Trabalhista, 2014. Disponível em: <http://www.guiatrabalhista.com.br/tematicas/acidente_resp_empregador.htm>. Acesso em: 18 abr. 2014.

PARANÁ. Superintendência Regional do Trabalho e Emprego. *CIPA e modelos de atas.* Curitiba: SRTE, [20--?]. Disponível em: <http://portal.mte.gov.br/delegacias/pr/cipa-e-modelos-de-atas/>. Acesso em: 22 jan. 2014.

PEREIRA, C. M. da S. *Responsabilidade civil.* 9. ed. Rio de Janeiro: Forense, 1998.

PONZETTO, G. *Manual prático de mapa de riscos.* São Paulo: LTR, 2002.

POR QUE investir em segurança do trabalho. [S.l.]: Zelo treinamentos e consultoria empresarial, [20--?]. Disponível em: <http://www.zelotreinamentos.com.br/investimento.php>. Acesso em: 30 jan. 2014.

PORTAL DA EDUCAÇÃO. *Análise "e se...?" ("what if...?")*: riscos ambientais. [S.l.]: Portal da Educação, 2013. Disponível em: <http://www.portaleducacao.com.br/biologia/artigos/42912/analise-e-se-what-if-riscos-ambientais#ixzz365N6LCN2>. Acesso em: 10 abr. 2014.

PORTAL TRIBUTÁRIO. *Guia trabalhista.* [S.l.]: Portal Tributário, [20--?]. Disponível em: <http://www.portaltributario.com.br/>. Acesso em: 22 jan. 2014.

PORTUGAL. *Ergonomia no trabalho:* número 13. [S.l.]: Nova aprendizagem, [20--?]. Disponível em: <http://www.rcc.gov.pt/novaaprendizagem/Paginas/default.aspx>. Acesso em: 24 maio 2014.

RANGEL, H. M. V. A responsabilidade do empregador perante o empregado e a Previdência Social nos casos de acidente de trabalho. *Jus Navigandi*, v. 15, n. 2395, 2010. Disponível em: <http://jus.com.br/artigos/14216>. Acesso em: 29 mar. 2014.

REBOUÇAS, F. *Acidente de trabalho.* [S.l.: s.n.], [20--?]. Disponível em: <http://usualmed.com.br/index.php/informativo/detalhes/18/>. Acesso em: 07 out. 2014.

RENZO, R. *Fiscalização do trabalho:* doutrina e prática. São Paulo: LTR, 2007.

RIO, R. P. do; PIRES, L. *Ergonomia:* fundamentos da prática ergonômica. 3. ed. São Paulo: LTr, 2001.

ROXO, M. M. *A prevenção doenças profissionais.* Brasília: OIT, 2013.

SÁ, R. Introdução ao "stress" térmico em ambientes quentes. *Tecnometal,* n. 124, 1999. Disponível em: <http://www.factor-segur.pt/artigosA/artigos/introducao_stress_termico.pdf>. Acesso em: 21 maio 2014.

SALIBA, T. M. *Manual prático de avaliação e controle de calor:* PPRA. São Paulo: LTr, 2000.

SARCEDO, L.; RAICHER, J. A. A responsabilidade penal do empregador. *Systemas:* Revista de Ciências Jurídicas e Econômicas, v. 2, n. 2, p. 218-237, 2010. Disponível em: <http://www.massud-sarcedo.adv.br/site/in_artigos.php?id=29>. Acesso em: 20 mar. 2014.

SEGURANÇA e Medicina do Trabalho. 52. ed. São Paulo: Atlas. 2003. (Série Manuais de Legislação).

SERVIÇO BRASILEIRO DE APOIO ÀS MICRO E PEQUENAS EMPRESAS. *O que é CAT – Comunicação de Acidente do Trabalho?* São Paulo: SEBRAE, [20--?].

SERVIÇO NACIONAL DE APRENDIZAGEM INDUSTRIAL. *Manual de curso da CIPA.* 28. ed. São Paulo: SENAI, 2010.

SILVA, E. B. da. Responsabilidade civil, penal, trabalhista e previdenciária decorrentes do acidente do trabalho. In: CONGRESSO GOIANO DE DIREITO DO TRABALHO E PROCESSO DO TRABALHO, 8., 1999, Goiânia. Anais... [S.l.: s.n.], 1999.

SILVEIRA, V. *Técnico de segurança do trabalho:* PCMSO - vários modelos. [S.l.: s.n.], 2011. Disponível em: <http://espacotecnicosegurancadotrabalho.blogspot.com.br/2011/08/pcmso-varios-modelos.html>. Acesso em: 20 fev. 2014.

SOUZA, S. M. A.; GUELLI, U. *Sobrecarga térmica e temperaturas baixas:* apostila do curso de Engenharia de Segurança do Trabalho. Florianópolis: Universidade Federal de Santa Catarina, 2003.

TAVARES, J. da C. *Noções de prevenção e controle de perdas em segurança do trabalho.* São Paulo: SENAC, 1996.

TAVARES, M. L. *Direito Previdenciário.* 9. ed. Rio de Janeiro: Lúmen Juris, 2007.

VALE, V. Z. A fiscalização do trabalho e o critério da dupla visita. *Revista do Tribunal Regional do Trabalho da 3ª Região,* v. 40, n. 70, p. 19-28, 2004. Disponível em: <www.trt3.jus.br/escola/download/revista/rev_70_II/Vander_Vale.pdf>. Acesso em: 10 maio 2014.

VEDOVELLO, M. A. B. *Investir na segurança:* despesa ou receita. [S.l.: s.n.], [20--?]. Disponível em: <http://www.bohacvedovello.com.br/dicas-uteis/29-investir-na-seguranca-despesa-ou-receita >. Acesso em: 22 fev. 2014.

VENOSA, S. de S. *Responsabilidade civil.* 4. ed. São Paulo: Atlas, 2004.

VERA, L. C. R. G. *A aplicação dos elementos de meio ambiente do trabalho equilibrado como fator de desenvolvimento humano*. 2009. 126 f. Dissertação (Mestrado em Organizações e Desenvolvimento)–FAE Centro Universitário, Curitiba, 2009.

VIEIRA, M. A. R. *Manual de direito previdenciário*. 6. ed. Rio de Janeiro: Impetus, 2006.

VIEIRA, P. de T. S. de G. *O meio ambiente do trabalho e os princípios da prevenção e precaução*. [S.l.]: Âmbito Jurídico, [20--?]. Disponível em: <http://www.ambito-juridico.com.br/site/?n_link=revista_artigos_leitura&artigo_id=11566>. Acesso em: 20 maio 2014.

WALDHELM NETO, N. *Análise preliminar de risco APR*. [S.l.]: Segurança do Trabalho, [20--?]. Disponível em: <http://segurancadotrabalhonwn.com/analise-preliminar-de-risco-apr/>. Acesso em: 20 maio 2014.

WALDHELM NETO, N. *Responsabilidade do empregador perante o acidente de trabalho*. [S.l.]: Segurança do Trabalho, [20--?]. Disponível em: <http://segurancadotrabalhonwn.com/responsabilidade-do-empregador-perante-o-acidente-de-trabalho/>. Acesso em: 21 abr. 2014.

WALDHELM NETO, N. *Segurança do trabalho*. [S.l.: s.n.], [20--?]. Disponível em: <http://segurancadotrabalhonwn.com/>. Acesso em: 11 fev. 2014.

IMPRESSÃO:

Pallotti

Santa Maria - RS - Fone/Fax: (55) 3220.4500
www.pallotti.com.br